高等学校"十三五"规划教材

分析化学实验

王艳玮　马兆立　主编

·北京·

《分析化学实验》共分四章，第一章为绪论，介绍了分析化学实验课的要求和分析化学实验的学习方法、化学实验室安全知识等。第二章为分析化学实验基本知识，介绍了纯水的制备及鉴定、化学试剂规格、溶液及其配制、滴定分析的仪器和基本操作等。第三章为化学分析部分，编入了二十四个实验，包括验证性实验和综合性实验，基本满足了理工科对化学分析实验的要求。第四章为仪器分析部分，编入了二十个实验，包含了教学中广泛使用的色谱分析、光谱分析和电化学分析等主要方法。

《分析化学实验》可作为高等院校化学、化工、材料、环境类专业及相关专业本科生的教材。

图书在版编目（CIP）数据

分析化学实验/王艳玮，马兆立主编. —北京：化学工业出版社，2019.12（2025.2重印）
ISBN 978-7-122-35838-7

Ⅰ.①分… Ⅱ.①王…②马… Ⅲ.①分析化学-化学实验 Ⅳ.①O652.1

中国版本图书馆 CIP 数据核字（2019）第 278199 号

责任编辑：宋林青　　　　　　　　　文字编辑：刘志茹
责任校对：张雨彤　　　　　　　　　装帧设计：刘丽华

出版发行：化学工业出版社（北京市东城区青年湖南街13号　邮政编码100011）
印　　装：北京科印技术咨询服务有限公司数码印刷分部
787mm×1092mm　1/16　印张10½　彩插1　字数256千字　2025年2月北京第1版第4次印刷

购书咨询：010-64518888　　　　　　售后服务：010-64518899
网　　址：http://www.cip.com.cn
凡购买本书，如有缺损质量问题，本社销售中心负责调换。

定　　价：28.00元　　　　　　　　　　　　　　　　　　　　　版权所有　违者必究

前 言

分析化学是一门实践性很强的学科，分为化学分析和仪器分析，其实验课是教学中的一个重要环节。化学分析实验和仪器分析实验都是理工类各专业学生的基础实验课程，主要向学生传授物质组成的分析原理和分析方法，是学生将来从事科研和生产活动必不可少的知识和技能。化学分析实验旨在使学生巩固、加深对分析化学基本原理的理解，培养学生良好的实验习惯、实事求是的科学作风以及独立思考问题和解决问题的能力。仪器分析实验的目的是使学生了解各类现代分析仪器的基本结构原理，熟悉多种仪器的操作方法及使用维护，掌握化学物质的现代分析手段，深刻理解物质组成、结构和性质的内在关系。

本书共有四章，第一章为绪论，介绍了分析化学实验课的要求、分析化学实验的学习方法、化学实验室安全知识、实验室的三废处理及化学实验室守则等。第二章为分析化学实验基本知识，介绍了纯水的制备及鉴定、化学试剂规格、溶液及其配制、滴定分析的仪器和基本操作等。第三章为化学分析实验，编入了二十四个实验，包括验证性实验和综合性实验，基本满足了理工科对化学分析实验的要求。第四章为仪器分析实验，编入了二十个实验，包含了在仪器分析实验教学中广泛使用的色谱分析、光谱分析和电化学分析的主要方法。书后附录列出了进行各类实验可能需要的参考数据，以便查阅。本书可作为高等学校化学、化工、材料、环境类专业及相关专业本科生的分析化学实验教材。

本书由编者结合所在学校的仪器条件和多年的教学实践经验，借鉴了多个兄弟院校的相关教材，在原来使用多年的自编讲义《基础化学实验》和《仪器分析实验》的基础上编写而成。

本书由青岛大学马兆立负责编写第一章和第四章，青岛大学的王艳玮负责编写第二章和第三章。本书由王艳玮和马兆立主编，王艳玮负责全书的筹划和统稿。参加本书编写的还有青岛大学的王越、王蕊、刘会峦、胡艳芳、黄震、张慧、王凤云、高翠丽、张浴晖等。本教材在编写过程中，得到了青岛大学有关领导和同行的大力支持，在此表示衷心感谢。

由于编者水平有限，书中难免会有疏漏和不当之处，敬请读者批评指正。

编　　者
2019-9-16

目 录

第一章 绪论 ... 1
第一节 分析化学实验课的要求 ... 1
一、化学分析实验要求 ... 1
二、仪器分析实验要求 ... 2
第二节 分析化学实验的学习方法 ... 2
一、课前充分预习 ... 2
二、课堂规范操作 ... 3
三、课后如实书写实验报告 ... 3
第三节 化学实验室安全知识 ... 5
一、分析化学实验守则 ... 5
二、危险品的使用 ... 6
三、化学中毒和化学灼伤事故的预防 ... 6
四、一般伤害的救护 ... 7
五、灭火常识 ... 7
第四节 实验室的三废处理 ... 8
一、实验室的废气 ... 8
二、实验室的废渣 ... 8
三、实验室的废液 ... 8
第五节 化学实验室守则 ... 9

第二章 分析化学实验基本知识 ... 11
第一节 纯水的制备及鉴定 ... 11
一、纯水的规格 ... 11
二、纯水的制备 ... 11
三、纯水的检验及合理选用 ... 12
第二节 化学试剂规格 ... 12
第三节 溶液及其配制 ... 13
一、非标准溶液 ... 13
二、标准物质 ... 14
三、标准溶液 ... 14
四、缓冲溶液 ... 14
第四节 气体钢瓶 ... 15
第五节 滴定分析的仪器和基本操作 ... 15
一、滴定管 ... 16

　　　　二、容量瓶 ··· 17
　　　　三、移液管 ··· 17
　第六节　重量分析基本操作 ··· 18
　　　　一、沉淀的过滤 ··· 18
　　　　二、沉淀的洗涤和转移 ·· 19
　第七节　样品处理 ··· 20
　　　　一、样品前处理在分析化学中的地位及分类 ·· 20
　　　　二、样品前处理技术的发展 ··· 20
　　　　三、样品前处理技术研究进展 ··· 21

第三章　化学分析实验 ·· 23
　第一节　验证性实验 ··· 23
　　实验一　电子天平的使用方法及称量操作练习 ·· 23
　　实验二　溶液的配制 ··· 26
　　实验三　滴定分析基本操作练习 ·· 27
　　实验四　酸碱标准溶液的标定 ·· 28
　　实验五　有机酸（草酸）摩尔质量的测定（酸碱滴定法） ·································· 30
　　实验六　铵盐中氮含量的测定 ·· 32
　　实验七　混合碱中 Na_2CO_3 和 $NaHCO_3$ 含量的测定 ·· 33
　　实验八　缓冲溶液的配制与性质实验 ·· 36
　　实验九　酸碱解离平衡常数的测定 ··· 38
　　实验十　双氧水中 H_2O_2 含量的测定 ·· 39
　　实验十一　水样中化学耗氧量的测定 ·· 41
　　实验十二　漂白液中有效氯含量的测定——间接碘量法 ····································· 44
　　实验十三　碘量法测定铜盐中铜含量 ·· 47
　　实验十四　自来水总硬度的测定（配位滴定法） ··· 49
　　实验十五　自来水中氯含量的测定（莫尔法） ··· 51
　　实验十六　生理盐水中 NaCl 含量的测定（银量法） ·· 54
　　实验十七　重量法测定钡盐中钡的含量 ·· 55
　第二节　综合性实验 ··· 59
　　实验十八　胃舒平中 Al_2O_3 和 MgO 含量的测定 ·· 59
　　实验十九　铁矿中全铁含量的测定（无汞定铁法） ·· 62
　　实验二十　钢铁中镍含量的测定（丁二酮肟有机试剂沉淀重量分析法） ············ 63
　第三节　自主设计实验 ··· 65
　　实验二十一　白醋酸度的测定 ·· 65
　　实验二十二　维生素 C 含量的测定 ·· 67
　　实验二十三　粗盐提纯及海水中 Ca、Mg 含量分析 ··· 68
　　实验二十四　蛋壳中 Ca、Mg 含量的测定 ·· 73

第四章　仪器分析实验 ·· 76
　第一节　色谱分析法 ··· 76
　　　　一、气相色谱法 ··· 76
　　实验二十五　气相色谱法对苯系物的分离分析 ··· 79

实验二十六	程序升温气相色谱法对醇系物的分离分析	82
	二、高效液相色谱法	83
实验二十七	反相色谱法测定饮料中咖啡因的含量	85
	三、离子色谱法	86
实验二十八	离子色谱法测定环境水样中的无机阴离子	88
	四、凝胶渗透色谱法	90
实验二十九	凝胶渗透色谱法测定聚合物的分子量及分子量分布	91
第二节	电化学分析法	95
	一、电位滴定法	95
实验三十	$K_2Cr_2O_7$ 电位滴定法滴定硫酸亚铁铵溶液	96
	二、离子选择性电极分析法	98
实验三十一	离子选择性电极法测定水中的微量氟	99
	三、循环伏安法	101
实验三十二	循环伏安法测定铁氰化钾的电极反应过程	102
第三节	毛细管电泳法	105
实验三十三	毛细管电泳法测定饮料中苯甲酸和山梨酸的含量	107
第四节	光谱分析法	109
	一、紫外-可见光谱法	109
实验三十四	邻菲啰啉分光光度法测定铁	112
实验三十五	紫外分光光度法测定苯酚	115
实验三十六	四溴双酚 A 存在时苯酚含量的紫外分光光度法测定	116
	二、荧光分析法	117
实验三十七	荧光法测定维生素 B_2 的含量	121
实验三十八	硫酸奎宁的激发光谱和发射光谱的测定	124
	三、红外光谱分析法	125
实验三十九	液体石蜡、乙苯、苯甲酸钠的红外光谱测定与谱图分析	129
实验四十	聚苯乙烯的红外光谱测定与谱图分析	131
	四、原子吸收光谱法	132
实验四十一	火焰原子吸收分光光度法测定自来水中的钙、镁	137
实验四十二	石墨炉原子吸收光谱法测定水中痕量镉	139
	五、原子荧光光谱法	141
实验四十三	氢化物-原子荧光光谱法测定水中总砷含量	142
	六、电感耦合等离子体发射光谱法	144
实验四十四	电感耦合等离子体发射光谱法测定水样中的多种元素	145
第五节	质谱法	147
实验四十五	气相色谱-质谱联用定性分析正构烷烃	148
实验四十六	液质联用定性分析苯甲酸和十六烷基三甲基溴化铵	150

附录 151

附录一 市售酸碱的浓度和密度 151
附录二 常用指示剂 151
附录三 常用缓冲溶液的配制 153
附录四 常用基准物质的干燥及应用 153

附录五　弱电解质的电离常数（约 0.1～0.01mol/L 水溶液）…………………………………… 154
　附录六　某些配离子的稳定常数 …………………………………………………………………… 156
　附录七　化合物的溶度积常数（25℃，$I=0$）…………………………………………………… 157
　附录八　原子吸收分光光度法中常用的分析线 …………………………………………………… 158
　附录九　原子吸收分光光度法中的常用火焰 ……………………………………………………… 158
　附录十　红外光谱的九个重要区段 ………………………………………………………………… 159

参考文献 ……………………………………………………………………………………………… 160

第一章

绪论

第一节　分析化学实验课的要求

一、化学分析实验要求

学生通过化学分析实验，可以加深对分析化学基本概念和基本理论的理解；正确和熟练掌握化学分析实验基本操作，学习化学分析实验的基本知识，掌握典型的化学分析方法；树立"量"的概念，运用误差理论和分析化学理论知识，找出实验中影响分析结果的关键环节，在实验中做到心中有数、统筹安排；学会正确合理地选择实验条件和实验仪器，正确处理实验数据，以保证实验结果准确可靠；培养良好的实验习惯、实事求是的科学态度、严谨细致的工作作风和坚韧不拔的科学品质；提高观察、分析和解决问题的能力，为学习后续课程和将来参加工作打下良好的基础。

为了达到上述目的，对化学分析实验课提出以下基本要求：

① 认真预习　每次实验前必须明确实验目的和要求，了解实验步骤和注意事项，写好预习报告，做到心中有数。预习报告应包括实验的原理、步骤、数据记录表格、计算公式，还包括实验过程中的注意事项等。**未预习者不得进行实验。**

② 仔细实验，如实记录，积极思考　实验过程中，要认真学习有关分析方法的基本操作技术，在教师指导下正确使用仪器，严格按照规范进行操作。实验中使用过的仪器应按正确的洗涤方法洗涤至洁净。滴定管、容量瓶、移液管、吸量管在使用前、使用时、使用后的操作应规范正确。细心观察实验现象，不应将计算器带入实验室，**实验数据直接记录在专用的、预先编好页码的原始数据记录表上，完成实验后把原始数据记录表提交给实验老师签字确认，不得随意涂改**；同时要勤于思考、分析问题，培养良好的实验习惯和科学作风。实验完成后应做好清洁卫生工作，保持仪器、台面、水槽的洁净。

③ 认真写好实验报告　根据实验记录进行整理、分析、归纳、计算，并及时写好实验报告。实验报告一般包括实验名称、实验日期、实验原理、主要试剂和仪器及其工作条件、实验步骤、实验数据及其分析处理、实验结果和讨论。**实验报告应简明扼要，图表清晰。**

④ 严格遵守实验室规则，注意安全　保持实验室内安静、整洁。实验台面保持清洁，仪器和试剂按照规定摆放整齐有序。爱护实验仪器设备，实验中如发现仪器工作不正常，应及时报告教师处理。实验中要注意节约。安全使用电、水和有毒或腐蚀性的试剂。每次实验结束后，应将所用的试剂及仪器复原，清洗好用过的器皿，整理好实验室。

⑤ 每次实验不得迟到 迟到超过 10min 取消此次实验资格。因病、因事缺席，必须请假。

二、仪器分析实验要求

仪器分析实验是学生在教师指导下，以分析仪器为工具，亲自动手获得所需要物质化学组成和结构等信息的教学实践活动。通过仪器分析实验，学生可加深对有关仪器分析方法基本原理的理解，掌握仪器分析实验的基本知识和技能，合理地选择实验条件，学会正确使用分析仪器，正确处理实验数据和表达实验结果，培养学生严谨的科学态度和独立工作的能力。

为了达到以上教学目的，对仪器分析实验提出以下基本要求：

① 仪器分析实验所用仪器一般较昂贵，同一实验室不可能购置多套同类仪器。仪器分析实验通常采用大循环方式组织教学，因此学生在实验前必须做好预习工作，仔细阅读仪器分析实验教材，了解分析方法和分析仪器的基本原理、仪器主要部件的功能、操作程序以及注意事项。

② 学会正确使用仪器。学生要在教师指导下熟悉和使用仪器。详细了解仪器的性能，防止损坏仪器和发生安全事故，应始终保持实验室整洁和安静的教学秩序。必须注意：未经教师允许，学生不得随意开关仪器，不得改变仪器工作参数。

③ 在实验过程中学生要认真学习有关分析方法的基本技术，要细心观察实验现象，仔细记录实验数据和分析测试的仪器条件。要学会选择最佳实验条件，积极思考，勤于动手，培养良好的实验习惯和科学作风。

④ 爱护实验室的仪器设备。实验中如发现仪器工作异常，应及时报告教师处理。每次实验结束，应将所用仪器复原，容器清洗干净，整理好实验室的各类设施与环境卫生。

⑤ 认真写好实验报告。实验报告应简明扼要，图表清晰，条理清楚。实验报告的内容包括实验名称、完成日期、方法原理、仪器名称及型号、主要仪器的工作参数、主要实验步骤、实验数据或图谱、实验中出现的现象、实验数据分析和结果处理、问题讨论等部分。

第二节　分析化学实验的学习方法

分析化学实验是在教师的正确引导下由学生独立或合作完成的（化学分析实验独立完成、仪器分析实验合作完成），因此实验效果与正确的学习态度和学习方法密切相关。对于分析化学实验的学习方法，应抓住以下三个重要环节。

一、课前充分预习

实验课前预习是必要的准备工作，是做好实验的前提。对实验预习必须给予足够的重视，如果不预习，对实验目的、要求以及内容不清楚，不许进行实验。为了保证实验质量，实验前任课教师需检查预习情况。查看预习报告，对未预习或预习不合格者，任课教师有权禁止其进行本次实验。

实验预习一般应达到以下要求：

① 认真阅读实验教材，明确实验目的、理解实验原理、熟悉实验内容、掌握实验方法、

熟记实验中有关注意事项，在此基础上简明扼要地写出预习笔记。

② 实验预习报告是进行实验的首要环节，预习报告应当包括简要的实验步骤与操作、数据记录表格、数据计算公式等。

③ 为规范实验操作，在化学分析实验学期第一堂实验课，每人必须接受实验室安全教育及观看标准实验操作视频。

④ 按时到达实验室，专心听指导老师讲解，无故迟到 10min 以上者禁止进行此次实验。

二、课堂规范操作

实验是培养独立工作或团队合作及思维能力的重要环节，必须认真完成。

① 在充分预习的基础上规范操作，仔细观察实验现象，一丝不苟，及时如实将实验现象、数据记录填写在预习报告中。按要求处理好废液，对使用的公用仪器要求自觉管理好，并在相关记录本上登记，这是养成良好科学素养必须进行的训练。

② 对于自主设计实验，审题要确切，方案要合理，现象要清晰。在实验中发现设计方案存在问题时，应找出原因，及时修改方案，直至达到满意的结果。

③ 在实验中遇到疑难问题或者"反常现象"，应认真分析操作过程，思考原因。为了正确说明问题，可在教师指导下重新进行一组实验，以培养独立分析、解决问题的能力。

④ 实验中自觉养成良好的科学习惯，遵守实验工作规则。实验过程中应始终保持桌面布局合理、环境整洁。

⑤ 实验结束，所得的实验结果必须经教师认可并在原始数据记录上签字后，才能离开实验室。

三、课后如实书写实验报告

实验报告是对每次所做实验的概括和总结，必须严肃认真如实书写。

一份合格的报告应包括以下 7 部分内容。

① 实验目的和要求；
② 实验原理；
③ 仪器和试剂；
④ 实验步骤；
⑤ 原始数据记录及数据处理；
⑥ 讨论；
⑦ 思考题。

每次实验报告应按时连同教师签过字的原始数据一起交。

例 酸碱标准溶液的标定

【实验目的】

1. 巩固分析天平的正确使用，继续练习滴定分析的基本操作。
2. 学习酸碱溶液浓度的标定方法。

【实验原理】

可用来标定酸、碱标准溶液的基准物质很多。本实验用无水 Na_2CO_3 作为基准物质来标定 HCl 溶液，以甲基橙为指示剂，滴定反应如下：

$$Na_2CO_3 + 2HCl = 2NaCl + H_2O + CO_2\uparrow$$

按反应计量关系，有：$n(Na_2CO_3) : n(HCl) = 1 : 2$

根据所用 Na_2CO_3 的质量和 HCl 溶液的体积，可求出 HCl 溶液的准确浓度：

$$c(HCl) = \frac{2m(Na_2CO_3)}{V(HCl)M(Na_2CO_3)/1000}$$

式中，$c(HCl)$ 为盐酸浓度，mol/L；$m(Na_2CO_3)$ 为碳酸钠的质量，g；$V(HCl)$ 为消耗盐酸的体积，mL；$M(Na_2CO_3)$ 为碳酸钠的摩尔质量。

用已标定的 HCl 标准溶液可以测定 NaOH 标准溶液的准确浓度。

【仪器和试剂】

仪器：烧杯，台秤，天平，容量瓶，移液管，锥形瓶，滴定管。

试剂：浓盐酸（AR），固体 NaOH（AR），无水碳酸钠（AR），甲基橙指示剂，酚酞指示剂。

【实验步骤】

1. 配制 0.1mol/L HCl 溶液 400mL

根据原装浓盐酸瓶标签可知其质量分数为 0.368，密度为 1.19g/mL，计算浓盐酸物质的量浓度，进一步计算出配制 400mL 0.1mol/L HCl 溶液所需浓盐酸的体积。将适量的蒸馏水倒入烧杯中，再加入计算的浓盐酸量，搅拌后加蒸馏水稀释到 400mL，混合均匀。

2. 配制 0.1mol/L NaOH 溶液 500mL

先计算配制 500mL 0.1mol/L NaOH 溶液所需固体 NaOH 的质量（单位为 g）。用台秤称出后转入 500mL 烧杯中，加适量水溶解，加蒸馏水稀释至 500mL，搅匀。

3. Na_2CO_3 基准溶液的配制

在分析天平上准确称取 1.20~1.40g 无水 Na_2CO_3，置于烧杯中，加入 50mL 蒸馏水，微热，小心搅拌使之溶解。冷却后，小心将其全部转移至 250mL 容量瓶中，用水稀释至刻度，混合均匀。

4. HCl 溶液的标定

用移液管移取 25.00mL Na_2CO_3 溶液于锥形瓶中，加入甲基橙指示剂 1~2 滴，混匀，此时溶液呈黄色。

在滴定管中装入浓度约为 0.1mol/L 的待标定 HCl 溶液。记下初始读数后，用 HCl 滴定 Na_2CO_3 溶液，并不断摇动，直到溶液恰好变为橙色为止。记下滴定管最后读数。重复滴定三次，要求彼此的体积差小于 0.10mL，计算 HCl 标准溶液的浓度。

5. NaOH 溶液浓度的测定

用移液管移取 25.00mL HCl 标准溶液于锥形瓶中，加入 1~2 滴酚酞，在滴定管中装入待测 NaOH 溶液。用 NaOH 滴定 HCl 至溶液由无色变为微红色（放置 30s 不褪色）为止。重复滴定三次，要求彼此的体积差小于 0.10mL，计算 NaOH 标准溶液的浓度。

【原始数据记录及数据处理】

1. HCl 溶液的标定

记录项目	I	II	III
称量瓶 + Na_2CO_3 的质量(前)/g			
称量瓶 + Na_2CO_3 的质量(后)/g			
Na_2CO_3 的质量/g			
HCl 体积终读数/mL			

续表

记录项目	I	II	III
HCl 体积初读数/mL			
V_{HCl}/mL			
c_{HCl}/(mol/L)			
$\bar{c}_{HCl}$/(mol/L)			
个别测定的绝对偏差			
相对平均偏差/%			

2. NaOH 溶液浓度的测定

记录项目	I	II	III
NaOH 体积终读数/mL			
NaOH 体积初读数/mL			
V_{NaOH}/mL			
$\bar{c}_{HCl}$/(mol/L)			
c_{NaOH}/(mol/L)			
$\bar{c}_{NaOH}$/(mol/L)			
个别测定的绝对偏差			
相对平均偏差/%			

【讨论】

（略）

【思考题】

（略）

第三节　化学实验室安全知识

化学实验室是学习、研究化学的重要场所。在实验室中，经常接触到各种化学药品和各种仪器。实验室常常潜藏着诸如爆炸、着火、中毒、灼伤、割伤、触电等事故的危险性。因此，实验者必须特别重视实验安全。

一、分析化学实验守则

① 实验前认真预习，明确实验目的，了解实验原理，熟悉实验内容、方法和步骤。

② 严格遵守实验室的规章制度，听从教师的指导。实验中要保持安静，有条不紊，保持实验室的整洁。

③ 实验中要规范操作，仔细观察，认真思考，如实记录。

④ 爱护仪器，节约水、电、煤气和试剂药品。精密仪器使用后要在登记本上记录使用情况，并经教师检查认可。

⑤ 凡涉及有毒气体的实验，都应在通风橱中进行。

⑥ 废纸、火柴梗、碎玻璃和各种废液倒入废物桶或其他规定的回收容器中。

⑦ 损坏仪器应填写仪器破损单，按规定进行赔偿。

⑧ 发生意外事故应保持镇静，立即报告教师，及时处理。

⑨ 实验完毕，整理好仪器、药品和台面，清扫实验室，关好煤气、水、电的开关和门、窗。

⑩ 根据原始记录，独立完成实验报告。

二、危险品的使用

① 浓酸和浓碱具有强腐蚀性，不要把它们洒在皮肤或衣物上。废酸应倒入废液缸中，但不要再向里面倾倒碱液，以免酸碱中和产生大量的热而发生危险。

② 强氧化剂（如高氯酸、氯酸钾等）及其混合物（氯酸钾与红磷、碳、硫等的混合物）不能研磨或撞击，否则易发生爆炸。

③ 银氨溶液放久后会变成氮化银而引起爆炸，因此用剩的银氨溶液应及时处理。

④ 活泼金属钾、钠等不要与水接触或暴露在空气中，应将它们保存在煤油中，用镊子取用。

⑤ 白磷有剧毒，并能灼伤皮肤，切勿与人体接触。白磷在空气中易自燃，应保存在水中。取用时，应在水下进行切割，用镊子夹取。

⑥ 氢气与空气的混合物遇火会发生爆炸，因此产生氢气的装置要远离明火。点燃氢气时，必须先检查氢气的纯度。进行生产大量氢气的实验时，应把废气通至室外，并注意室内的通风。

⑦ 有机溶剂（乙醇、乙醚、苯、丙酮等）易燃，使用时一定要远离明火，用后要把瓶塞塞严，放在阴凉的地方，最好放入沙桶内。

⑧ 进行能产生有毒气体（如氟化氢、硫化氢、氯气、一氧化碳、二氧化碳、二氧化氮、二氧化硫、溴等）的反应时，加热盐酸、硝酸和硫酸时，均应在通风橱中进行。

⑨ 汞易挥发，会在人体内积累，引起慢性中毒。可溶性汞盐、铬的化合物、氰化物、砷盐、锑盐、镉盐和钡盐都有毒，不得进入口内或接触伤口，其废液也不能倒入下水道，应统一回收处理。为了减少汞液面的蒸发，可在汞液面上覆盖化学液体：甘油的效果最好，5% $Na_2S \cdot 9H_2O$ 溶液次之，水的效果最差。溅落的汞应尽量用毛刷蘸水收集起来，直径大于 1mm 的汞粒可用吸气球或真空泵抽吸的捡汞器捡起来。撒落过汞的地方可以撒上多硫化钙、硫黄粉或漂白粉，或喷洒药品使汞生成不挥发的难溶盐，并要扫除干净。

三、化学中毒和化学灼伤事故的预防

① 保护好眼睛，防止眼睛受刺激性气体的熏染，防止任何化学药品特别是强酸、强碱、玻璃屑等异物进入眼内。

② 禁止用手直接取用任何化学药品，使用有毒药品时，除用药匙、量器外，必须戴橡皮手套，实验后马上清洗仪器用具，立即用肥皂洗手。

③ 尽量避免吸入任何药品和溶剂的蒸气。处理具有刺激性、恶臭和有毒的化学药品时，如 H_2S、NO_2、Cl_2、Br_2、CO、SO_2、HCl、HF、浓硝酸、发烟硫酸、浓盐酸、乙酰氯等，必须在通风橱中进行。通风橱开启后，不要把头伸入橱内，并保持实验室通风良好。

④ 严禁在酸性介质中使用氰化物。

⑤ 用移液管或吸量管移取浓酸、浓碱、有毒液体时，禁止用口吸取，应该用洗耳球吸取。严禁品尝药品试剂，不得用鼻子直接嗅气体，而是用手向鼻孔扇入少量气体。

⑥ 实验室内禁止吸烟进食，禁止穿拖鞋。

四、一般伤害的救护

① 割伤　可用消毒棉棒把伤口清理干净，若有玻璃碎片需小心挑出，然后涂以紫药水等抗菌药物消炎并包扎。

② 烫伤　一旦被火焰、蒸气、红热的玻璃或铁器等烫伤时，立即将伤处用大量水冲洗，以迅速降温避免深度烧伤。若起水泡，不宜挑破，用纱布包扎后送医院治疗；对轻微烫伤，可用浓高锰酸钾溶液润湿伤口至皮肤变为棕色，然后涂上獾油或烫伤膏。

③ 受酸腐蚀　先用大量水冲洗，以免深度烧伤，再用饱和碳酸氢钠溶液或稀氨水冲洗，最后再用水冲洗。如果酸溅入眼内也用此法，只是碳酸氢钠溶液改用1%的浓度，禁用稀氨水。

④ 受碱腐蚀　先用大量水冲洗，再用乙酸（20g/L）洗，最后用水冲洗。如果碱溅入眼内，可用硼酸溶液洗，再用水洗。

⑤ 受溴灼伤　被溴灼伤后的伤口一般不宜愈合，很危险，必须严加防范。凡用溴时都必须预先配制好适量的20%的$Na_2S_2O_3$溶液备用。一旦有溴粘到皮肤上，立即用$Na_2S_2O_3$溶液冲洗，再用大量的水冲洗干净，包上消毒纱布后就医。

⑥ 白磷灼伤　用1%的硝酸银溶液、1%的硫酸铜溶液或浓高锰酸钾溶液洗后进行包扎。

⑦ 吸入刺激性气体　可吸入少量酒精和乙醚的混合蒸气，然后到室外呼吸新鲜空气。

⑧ 毒物进入口内　把5~10mL的稀硫酸铜溶液（约5%）加入一杯温水中，内服后用手伸入喉部，促使呕吐，吐出毒物，再送医院治疗。

五、灭火常识

实验室内万一着火，要根据起火的原因和火场周围的情况，采取不同的扑灭方法。起火后，不要慌张，一般应立即采取以下措施。

① 防止火势扩展　停止加热，停止通风，关闭电闸，移走一切可燃物。

② 扑灭火源　一般的小火可用湿布、石棉布或沙土覆盖在着火的物体上；衣物着火时，切不可慌张乱跑，应立即用湿布或石棉布压灭火焰，如燃烧面积较大，可躺在地上，就地打滚。能与水发生剧烈作用的化学药品（金属钠）或比水轻的有机溶剂着火，不能用水扑救，否则会引起更大的火灾。使用灭火器也要根据不同的情况选择不同的类型。现将常用灭火器及其适用范围列入表1-1中。

表1-1　常用灭火器及其适用范围

灭火器类型	药液成分	适用范围
酸碱灭火器	H_2SO_4和$NaHCO_3$	非油类和电器失火的一般初起火灾
泡沫灭火器	$Al_2(SO_4)_3$和$NaHCO_3$	适用于油类起火
二氧化碳灭火器	液态CO_2	适用于扑灭电器设备、小范围的油类及忌水的化学药品的失火
四氯化碳灭火器	液态CCl_4	适用于扑灭电器设备，小范围的汽油、丙酮等失火。不能用于扑灭活泼金属钾、钠的失火，因CCl_4会强烈分解，甚至爆炸；电石、CS_2的失火，也不能使用它，因为会产生光气一类的毒气
干粉灭火器	主要成分是碳酸氢钠等盐类物质与适量的润滑剂和防潮剂	扑救油类、可燃性气体、电器设备、精密仪器、图书文件等物品的初期火灾

第四节 实验室的三废处理

根据绿色化学的基本原则，化学实验室应尽可能选择对环境无毒害的实验项目。对确实无法避免的实验项目若排放出废气、废渣和废液（这些废弃物又称三废），如果对其不加处理而任意排放，不仅污染周围空气、水源和环境，造成公害，而且三废中的有用或贵重成分未能回收，在经济上也是损失。因此化学实验室三废的处理是很重要而又有意义的问题。化学实验室的环境保护应该规范化、制度化，应对每次实验产生的废气、废渣和废液进行处理。教师和学生要按照国家要求的排放标准进行处理，把用过的酸类、碱类、盐类等各种废液、废渣，分别倒入各自的回收容器内，再根据各类废弃物的特性，采取中和、吸收、燃烧、回收循环利用等方法来进行处理。

一、实验室的废气

实验室中凡可能产生有害废气的操作都应在有通风装置的条件下进行，如加热酸、碱溶液及产生少量有毒气体的实验等应在通风橱中进行。汞的操作室必须有良好的全室通风装置，其抽风口通常在墙的下部。实验室若排放毒性大且较多的气体，可参考工业上废气处理的办法，在排放废气之前，采用吸附、吸收、氧化、分解等方法进行预处理。毒性大的气体可参考工业上废气处理的办法处理后排放。

二、实验室的废渣

实验室产生的有害固体废渣虽然不多，但绝不能将其与生活垃圾混倒。固体废弃物经回收、提取有用物质后，其残渣仍是多种污染物的存在状态，此时方可对它做最终的安全处理。

① 化学稳定　对少量高危险性物质（如放射性废弃物等），可将其通过物理或化学的方法进行（玻璃、水泥、岩石的）固化，再进行深地填埋。

② 土地填埋　这是许多国家对固体废弃物最终处置的主要方法，这一方法要求被填埋的废弃物应是惰性物质或经微生物可分解成为无害物质。填埋场地应远离水源，场地底土不透水、不能穿入地下水层。填埋场地可改建为公园或草地。因此，这是一项综合性的环保工程技术。

三、实验室的废液

① 化学实验室产生的废弃物很多，但以废液为主。实验室产生的废液种类繁多，组成变化大，应根据溶液的性质分别处理：废液可先用耐酸塑料网纱或玻璃纤维过滤，滤液加碱中和，调 pH 值至 6~8 后就可排出，少量滤渣可埋于地下。

② 废洗液可用高锰酸钾氧化法使其再生后使用，少量的废洗液可加废碱液或石灰使其生成 $Cr(OH)_3$ 沉淀，将沉淀埋于地下。

③ 氰化物是剧毒物质，少量的含氰废液可先加 NaOH 调至 pH>10，再加入几克高锰酸钾使 CN^- 氧化分解。大量的含氰废液可用碱性氯化法处理，即先用碱调至 pH>10，再加

入次氯酸钠，使 CN^- 氧化成氰酸盐，并进一步分解为 CO_2 和 N_2。

④ 含汞盐的废液先调 pH 值至 8~10，然后加入过量的 Na_2S，使其生成 HgS 沉淀，并加 $FeSO_4$ 与过量的 S^{2-} 生成 FeS 沉淀，从而吸附 HgS 共沉淀下来。离心分离，清液含汞量降到 0.02mg/L 以下，可排放。少量残渣可埋于地下，大量残渣可用焙烧法回收汞，但注意一定要在通风橱中进行。

⑤ 含重金属离子的废物，最有效和最经济的方法是加碱或加 Na_2S 把重金属离子变成难溶性的氢氧化物或硫化物而沉积下来，经过滤后，残渣可埋于地下。

第五节 化学实验室守则

化学实验室守则包括以下内容：

① 未经实验室管理人员允许，不得进入实验室。实验前须预习实验内容，明确实验目的和要求，了解实验原理，反应特点，原料和产物的物理、化学性质及可能发生的事故，写好预习笔记，携带实验报告。

② 进入实验室要自觉遵守实验室守则，保持安静，严禁喧哗、嬉笑和打闹。

③ 进入实验室要穿实验服，不能赤脚或穿拖鞋，必要时，实验操作应戴胶皮手套。

④ 实验开始前，检查仪器、药品是否齐全，不得随意调换。如发现问题，及时报告。未经管理人员许可，不得擅自使用仪器和药品，仪器、药品使用后要放回原处。

⑤ 遵从教师指导，严格按规程操作。未经教师允许，不得擅自改变药品用量、操作条件或操作程序。水、电、煤气等一经用完立即关闭。

⑥ 实验室禁止明火。

⑦ 取用药品、溶剂要选用药匙、量筒等专用器具，不能用手直接拿取，防止药品、溶剂接触皮肤造成伤害。

⑧ 一切有毒或有刺激性的药品、溶剂的实验都应在通风橱内进行。

⑨ 极易挥发和引燃的有机溶剂（如乙醚、乙醇、丙酮、苯等），使用时必须远离明火，用后要立即塞紧瓶塞。

⑩ 浓酸、浓碱具有强腐蚀性，切勿溅在皮肤、衣服上或眼睛里。稀释它们时（特别是浓硫酸），应将其慢慢倒入水中，并搅拌冷却，而不能反过来操作，以避免迸溅。一旦接触皮肤、眼睛等立即用清水反复清洗。

⑪ 实验室药品，特别是有毒药品（如重铬酸钾、钡盐、铅盐、砷的化合物、汞的化合物，特别是氰化物）不得接触皮肤、进入口中或接触伤口。

⑫ 绝对不允许随意混合各种化学试剂，以免发生意外事故。

⑬ 加热试管时，不要将管口对着任何人，更不能俯视正在加热的液体，以免液体溅出而烫伤。

⑭ 实验室仪器设备使用前需征得实验室负责人同意，须在仪器使用记录本上详细记录使用人、使用时间和仪器状态。

⑮ 实验室电器设备的功率不得超过电源负载能力。电器设备使用前应检查是否漏电，常用仪器外壳应接地。使用电器时，人体与电器导电部分不能直接接触，也不能用湿手按触电器插头。

⑯ 实验剩余的废物不得随便倾倒，应倒入指定容器中，防止污染环境。
⑰ 任何药品、试剂不得携带出实验室外。
⑱ 严禁在实验室内饮食、吸烟。
⑲ 爱护实验室的一切公物，注意节约用水用物，由于违反操作规程而损坏丢失的仪器、药品，必须赔偿。
⑳ 实验结束，仪器洗净后放回原处，清理实验台面，经教师检查合格后，必须洗净双手方可离开实验室。
㉑ 学生轮流值日。值日生须做好地面、公共台面、水槽的卫生并清理废物缸，检查水、电、煤气，关好门窗，经管理人员检查合格后方可离开。

第二章

分析化学实验基本知识

第一节 纯水的制备及鉴定

一、纯水的规格

在分析化学实验中,应根据所做实验对水的质量要求,合理地选用不同规格的纯水。

制备纯水的方法不同,带来的杂质情况也不同。国家标准(GB 6682—2008)中明确规定了实验室用水的级别、主要技术指标及检验方法。该标准采用了国际标准(ISO 3696—1987),见表 2-1。

表 2-1 实验室用水的级别及主要技术指标(引自 GB 6682—2008)

指标名称	一级	二级	三级
pH 值范围(25℃)	—	—	5.5~7.5
电导率(25℃)/(mS/m)	≤0.01	≤0.10	≤0.50
可氧化物质(以氧计)/(mg/mL)	—	<0.08	<0.4
蒸发残渣[(105±2)℃]/(mg/mL)	—	≤1.0	≤2.0
吸光度(254nm,1cm 光程)	≤0.001	≤0.01	
可溶性硅(以 SiO_2 计)/(mg/mL)	<0.01	<0.02	

注:1. 由于在一级水、二级水的纯度下,难以测定其真实的 pH 值,因此,对其 pH 值范围不做规定。
2. 由于在一级水的纯度下,难于测定其可氧化物质和蒸发残渣,因此,对其限量不做规定。可用其他条件和制备方法来保证一级水的质量。

二、纯水的制备

① 蒸馏法 目前使用的蒸馏器有玻璃、铜、石英等材质。蒸馏法只能除去水中的非挥发性杂质,溶解在水中的气体杂质并不能完全除去。蒸馏法的设备成本低,操作简单,但消耗能量大。为节约能源和减少污染,可采用离子交换法、电渗析法等方法制备。

② 离子交换法 用离子交换法制备的纯水称为去离子水。目前多采用阴、阳离子交换树脂的混合床装置来制备,去离子效果好,成本低,但设备及操作较复杂,不能除去水中非离子型杂质,故去离子水中常含有微量的有机物。

③ 电渗析法 电渗析法是在离子交换技术的基础上发展起来的一种方法。它是在直流电场的作用下,利用阴、阳离子交换膜对溶液中离子的选择性透过而去除离子型杂质。此法也不能除去非离子型杂质,仅适用于要求不很高的分析工作。

三、纯水的检验及合理选用

纯水的检验有物理方法（如测定水的电导率或电阻率）和化学方法两类。检验项目一般包括：电导率或电阻率、pH、硅酸盐、氯化物及某些金属离子（如 Cu^{2+}、Pb^{2+}、Zn^{2+}、Fe^{3+}、Ca^{2+}、Mg^{2+}）等。

纯水制备不易，也较难以保存。应根据不同情况，选用适当级别的纯水，并在保证实验要求的前提下，注意尽量节约用水，养成良好习惯。

第二节 化学试剂规格

化学试剂产品很多，门类很多，有无机试剂和有机试剂两大类，又可按用途分为标准试剂、一般试剂、高纯试剂、特效试剂、仪器分析专用试剂、指示剂、生化试剂、临床试剂、电子工业或食品工业专用试剂等。世界各国对化学试剂的分类和分级及标准不尽相同。我国化学试剂产品有国家标准（GB）和专业（行业，ZB）标准及企业标准（QB）等。国际标准化组织（ISO）和国际纯粹化学与应用化学联合会（IUPAC）也都有很多相应的标准和规定。例如，IUPAC 对化学标准物质的分级有 A 级、B 级、C 级、D 级和 E 级。A 级为原子量标准，B 级为与 A 级最接近的基准物质，C 级和 D 级为滴定分析标准试剂，含量分别为 $(100\pm0.02)\%$ 和 $(100\pm0.05)\%$，而 E 级为以 C 级或 D 级试剂为标准进行对比测定所得的纯度或相当于这种纯度的试剂。

我国的主要国产标准试剂和一般试剂的级别与用途见表 2-2、表 2-3。

表 2-2 主要国产标准试剂的级别与用途

标准试剂类别(级别)	主要用途	相当于 IUPAC 的级别
容量分析第一基准	容量分析工作基准试剂的定值	C
容量分析工作基准	容量分析标准溶液的定值	D
容量分析标准溶液	容量分析测定物质的含量	E
杂质分析标准溶液	仪器及化学分析中用作杂质分析的标准	
一级 pH 基准试剂	pH 基准试剂的定制和精密 pH 计的校准	C
pH 基准试剂	pH 计的定位（校准）	D
有机元素分析标准	有机物的元素分析	E
热值分析标准	热值分析仪的标定	
农药分析标准	农药分析的标准	
临床分析标准	临床分析化验标准	
气相色谱分析标准	气相色谱法进行定性和定量分析的标准	

表 2-3 一般试剂的级别与用途

一般试剂级别	中文名称	英文符号	标签颜色	主要用途
一级	优级纯(保证试剂)	GR	深绿色	精密分析实验
二级	分析纯(分析试剂)	AR	红色	一般分析实验
三级	化学纯	CP	蓝色	一般化学实验
生化试剂	生化试剂	BR	咖啡色	生物化学实验
	生物染色剂	BS	玫瑰红色	生物标本染色

化学试剂中，指示剂纯度往往不太明确。除少数标明"分析纯""试剂四级"外，经常遇到只写明"化学试剂""企业标准"或"生物染色剂"等。常用的有机溶剂、掩蔽剂等，也经常见到级别不明的情况，平常只可作为"化学纯"试剂使用，必要时需要进行提纯。例如，三乙醇胺中铁含量较大，而又常用来掩蔽铁，因此使用该试剂时必须注意。

生物化学中使用的特殊试剂，纯度表示和化学中一般试剂表示也不相同。例如，蛋白质类试剂，经常以含量表示，或以某种方法（如电泳法等）测定杂质含量来表示。再如，酶以每单位时间能酶解多少物质来表示其纯度，就是说，它是以其活力来表示的。

此外，还有一些特殊用途的所谓高纯试剂。例如，"色谱纯"试剂是在最高灵敏度下在10^{-10}数量级无杂质峰来表示的；"光谱纯"试剂是以光谱分析时出现的干扰谱线的数目强度大小来衡量的，往往含有该试剂各种氧化物，它不能认为是化学分析的基准试剂，这点须特别注意；"放射化学纯"试剂是以放射性测定时出现干扰的核辐射强度来衡量的；"MOS"级试剂是"金属-氧化物-半导体"试剂的简称，是电子工业专用的化学试剂，等等。

在一般分析工作中，通常要求使用 AR 级的分析纯试剂。

常用化学试剂的检验，除经典的湿法化学方法之外，已愈来愈多地使用物理化学方法和物理方法，如原子吸收光谱法，发射光谱法，电化学方法，紫外、红外和核磁共振分析法以及色谱法等。高纯试剂的检验，无疑只能选用比较灵敏的痕量分析方法。分析工作者必须对化学试剂标准有明确的认识，做到科学地存放和合理地使用化学试剂，既不超规格造成浪费，又不随意降低规格而影响分析结果的准确度。

第三节　溶液及其配制

按照溶液浓度的准确程度，浓度较粗略的称为非标准溶液；而浓度较准确的，一般为四位有效数字，称为标准溶液。

一、非标准溶液

非标准溶液常用以下三种方法配制。

① 直接水溶法　对一些易溶于水而不易水解的固体试剂，如 KNO_3、KCl、$NaCl$ 等，先算出所需固体试剂的量，用托盘天平或分析天平称出所需量，放入烧杯中，以少量蒸馏水搅拌使其溶解后，再稀释至所需的体积。若试剂溶解时有放热现象，或以加热促使其溶解的，应待其冷却后，再移至试剂瓶或容量瓶，贴上标签备用。

② 介质水溶法　对易水解的固体试剂如 $FeCl_3$、$SbCl_3$、$BiCl_3$ 等，配制其溶液时，称取一定量的固体，加入适量的酸（或碱）使之溶解，再以蒸馏水稀释至所需体积，摇匀后转入试剂瓶。在水中溶解度较小的固体试剂如固体 I_2，可选用 KI 水溶液溶解，摇匀转入试剂瓶。

③ 稀释法　对于液态试剂，如盐酸、硫酸等，配制其稀溶液时，用量筒量取所需浓溶液的量，再用适量的蒸馏水稀释。配制硫酸溶液时，需特别注意，应在不断搅拌下将浓硫酸缓缓倒入盛水的容器中，切不可颠倒操作顺序。易发生氧化还原反应的溶液（如 Sn^{2+}、Fe^{2+} 溶液），为防止其在保存期间失效，应分别在溶液中放入一些 Sn 粒和 Fe 粉。见光容易分解的试剂要注意避光保存，如 $AgNO_3$、$KMnO_4$、KI 等溶液应储于棕色容器中。

二、标准物质

标准物质（reference material，RM）的定义表述为：已确定其一种或几种特性，用于校准测量器具、评价测量方法或确定材料特性量值的物质。目前，中国的化学试剂中只有滴定分析基准试剂和 pH 基准试剂属于标准物质。滴定分析中常用的工作基准试剂见表 2-4。基准试剂可用于直接配制标准溶液或用于标定溶液的浓度。标准物质的种类很多，实验中还会使用一些非试剂类的标准物质，如纯金属、药物、合金等。

表 2-4　滴定分析中常用的工作基准试剂

试剂名称	主要用途	用前干燥方法	国家标准编号
氯化钠	标定 $AgNO_3$ 溶液	500~550℃灼烧至恒重	GB 1253—2007
草酸钠	标定 $KMnO_4$ 溶液	(105±5)℃干燥至恒重	GB 1254—2007
无水碳酸钠	标定 HCl、H_2SO_4 溶液	270~300℃干燥至恒重	GB 1255—2007
乙二胺四乙酸二钠	标定金属离子溶液	硝酸镁饱和溶液恒湿器中放置 7d	GB 12593—2007
邻苯二甲酸氢钾	标定 NaOH 溶液	105~110℃干燥至恒重	GB 1257—2007
碘酸钾	标定 $Na_2S_2O_3$ 溶液	(180±2)℃干燥至恒重	GB 1258—2008
重铬酸钾	标定 $Na_2S_2O_3$、$FeSO_4$ 溶液	(120±2)℃干燥至恒重	GB 1259—2007
溴酸钾	标定 $Na_2S_2O_3$ 溶液	(180±2)℃干燥至恒重	GB 12594—2008
碳酸钙	标定 EDTA 溶液	(110±2)℃干燥至恒重	GB 12596—2008
氧化锌	标定 EDTA 溶液	800℃灼烧至恒重	GB 1260—2008
硝酸银	标定卤化物溶液	H_2SO_4 干燥器中干燥至恒重	GB 12595—2008
三氧化二砷	标定 I_2 溶液	H_2SO_4 干燥器中干燥至恒重	GB 1256—2008

三、标准溶液

标准溶液是已确定其主体物质浓度或其他特性量值的溶液。化学实验中常用的标准溶液有滴定分析用标准溶液、仪器分析用标准溶液和 pH 测量用标准缓冲溶液。其配制方法如下。

① 由基准试剂或标准物质直接配制　用分析天平准确称取一定量的基准试剂或标准物质，溶于适量水中，再定量转移到容量瓶中，用水稀释至刻度。根据称取的质量和容量瓶的体积，计算它的准确浓度。

② 标定法　很多试剂不宜用直接法配制标准溶液，而要用间接的方法，即标定法。先配制出近似所需浓度的溶液，再用基准试剂或已知浓度的标准溶液标定其准确浓度。

③ 稀释法　用移液管或滴定管准确量取一定体积的浓标准溶液，放入适当的容量瓶中，用溶剂稀释至刻度，得到所需浓度较低的标准溶液。

pH 基准试剂见表 2-5。

四、缓冲溶液

许多化学反应要在一定的 pH 条件下进行。缓冲溶液就是一种能抵御少量强酸、强碱和水的稀释而保持体系 pH 基本不变的溶液。

常用缓冲溶液的组成及配制方法见附录三。

表 2-5 pH 基准试剂

试剂	规定浓度/(mol/kg)	标准值(25℃)	
		一级 pH 基准试剂	pH 基准试剂
		pH(S)$_\mathrm{I}$	pH(S)$_\mathrm{II}$
四草酸钾	0.05	1.680±0.005	1.68±0.01
酒石酸氢钾	饱和	3.559±0.005	3.56±0.01
邻苯二甲酸氢钾	0.05	4.003±0.005	4.00±0.01
磷酸氢二钠、磷酸二氢钾	0.025	6.864±0.005	6.86±0.01
四硼酸钠	0.01	9.182±0.005	9.18±0.01
氢氧化钙	饱和	12.460±0.005	12.46±0.01

第四节 气体钢瓶

实验室经常使用气体钢瓶来直接得到各种气体。气体钢瓶是储存压缩气体的特制的耐压钢瓶。钢瓶的内压很大，且有些气体易燃或有毒，所以操作要特别小心，使用时应注意以下几点。

① 钢瓶应存放在阴凉、干燥、远离热源（如阳光、暖气、炉火）的地方。可燃性气体钢瓶与氧气钢瓶要分开存放。

② 不能让油或其他易燃性有机物粘在气瓶上（特别是气门嘴和减压器）。不得用棉、麻等物堵漏，以防燃烧引起事故。

③ 使用时，要用减压器（气压表）有控制地放出气体。可燃性气体钢瓶的，气门螺纹是反扣的（如氢气、乙炔气）。不燃或助燃性气体钢瓶的气门螺纹是正扣的。各种气体的气压表不得混用。

为了避免把各种气体混淆，通常在气瓶外面涂以特定的颜色以利于区分，并在瓶上写明瓶内气体的名称，表 2-6 为国内气瓶常用的标记。

表 2-6 国内气瓶常用标记

气体类别	瓶身颜色	标记颜色	气体类别	瓶身颜色	标记颜色
氮气	黑	黄	氯气	黄绿	黄
氢气	深绿	红	乙炔	白	红
氧气	天蓝	黑	二氧化碳	白	黄
氨气	黄	黑	其他一些可燃气体	红	白
空气	黑	白	其他一些不可燃气体	黑	黄

第五节 滴定分析的仪器和基本操作

在滴定分析中，滴定管、容量瓶、移液管和吸量管是准确测量溶液体积的量器。通常体积测量相对误差比称量误差要大，而分析结果的准确度由误差最大的那项因素决定。因此，必须准确测量溶液的体积，以得到正确的分析结果。溶液体积测量的准确度不仅取决于所用量器是否准确,更重要的是取决于准备和使用量器是否正确。现将滴定分析常用器皿及其基本操作分述如下。

一、滴定管

滴定管是滴定时用来准确测量流出标准溶液体积的量器。它的主要部分管身是用细长而且内径均匀的玻璃管制成,上面刻有均匀的分度线,下端的流液口为一尖嘴,中间通过玻璃旋塞或乳胶管连接以控制滴定速度。常量分析用的滴定管标称容量为 50mL 和 25mL,最小刻度为 0.1mL,读数可估计到 0.01mL。

滴定管一般分为两种:一种是酸式滴定管,另一种是碱式滴定管(图 2-1)。酸式滴定管的下端有玻璃活塞,可盛放酸液及氧化剂,不宜盛放碱液。碱式滴定管的下端连接一橡皮管,内放一玻璃珠,以控制溶液的流出,下面再连一尖嘴玻璃管,这种滴定管可盛放碱液,而不能盛放酸或氧化剂等腐蚀橡皮的溶液。

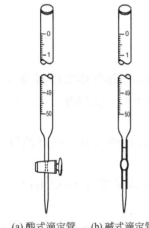

(a)酸式滴定管　(b)碱式滴定管

图 2-1　滴定管

滴定管的使用方法如下:

① 洗涤　使用滴定管前先用自来水洗,再用少量蒸馏水淋洗三次,每次 5~6mL,洗净后,管壁上不应附着液滴,最后用少量滴定用的待装溶液润洗三次,以免加入滴定管的待装溶液被蒸馏水稀释。

② 装液　将待装溶液滴入滴定管中到刻度"0"以上,开启旋塞或挤压玻璃球,把滴定管下端的气泡逐出,然后把管内液面的位置调节到刻度"0"。排气的方法如下:如果是酸式滴定管,可使溶液急速下流驱去气泡。如为碱式滴定管,则可将橡皮管向上弯曲,并在稍高于玻璃珠所在处用两手指挤压,使溶液从尖嘴口喷出,气泡即可除尽(图 2-2)。

③ 读数　常用滴定管的容量为 50mL,每一大格为 1mL,每一小格为 0.1mL,读数可读到小数点后两位。读数时,滴定管应保持垂直。视线应与管内液体凹面的最低处保持水平,偏低偏高都会带来误差(图 2-3)。

图 2-2　碱式滴定管排气　　图 2-3　目光在不同位置得到的滴定管读数

④ 滴定　滴定开始前,先把悬挂在滴定管尖端的液滴除去,滴定时用左手控制阀门,右手持锥形瓶,并不断旋摇,使溶液均匀混合(图 2-4)。

将到滴定终点时,滴定速度要慢,最后一滴一滴地滴入,防止过量,并且用洗瓶挤少量水淋洗瓶壁,以免有残留的液滴未起反应。最后,必须待滴定管内液面完全稳定后,方可

图 2-4 滴定操作

读数。

二、容量瓶

容量瓶主要是用来精确配制一定体积和一定浓度溶液的量器,如用固体物质配制溶液,应先将固体物质在烧杯中溶解后,再将溶液转移至容量瓶中。转移时,要使玻璃棒的下端靠近瓶颈内壁,使溶液沿玻璃棒缓缓流入瓶中,再从洗瓶中挤出少量水淋洗烧杯及玻璃棒2~3次,并将其转移到容量瓶中(见图 2-5)。

接近标线时,要用滴管慢慢滴加,直至溶液的弯月面与标线相切为止。塞紧瓶塞,用左手食指按住塞子,将容量瓶倒转几次直到溶液混匀为止(图 2-6)。容量瓶的瓶塞是磨口的,一般是配套使用。

图 2-5　转移溶液入容量瓶　　　图 2-6　混匀操作

容量瓶不能久储溶液,尤其是碱性溶液,它会侵蚀瓶塞使其无法打开。容量瓶也不能用火直接加热及烘烤,使用完毕后应立即洗净,如长时间不用,磨口处应洗净擦干,并用纸片将磨口隔开。

三、移液管

移液管用于准确移取一定体积的溶液。通常有两种形状,一种移液管中间有膨大部分,称为胖肚移液管;另一种是直形的,管上有分刻度,称为吸量管。

移液管在使用前应洗净,并用蒸馏水润洗 3 遍。使用时,洗净的移液管要用待吸取的溶液润洗 3 遍,以除去管内残留的水分。吸取溶液时,一般用左手拿洗耳球,右手把移液管插入溶液中吸取。当溶液吸至标线以上时,马上用右手食指按住管口,取出,微微移动食指或用大拇指和中指轻轻转动移液管,使管内液体的弯月面慢慢下降到标线处,立即压紧管口;把移液管移入另一容器(如锥形瓶)中,并使管尖与容器壁接触,放开食指让液体自由流出;流完后再等15s左右。残留于管尖内的液体不必吹出,因为在校正移液管时,未把这部分液体体积计算在内。

使用刻度吸管时,应将溶液吸至最上刻度处,然后将溶液放出至适当刻度,两刻度之差即为放出溶液的体积。

第六节　重量分析基本操作

重量分析包括挥发法、萃取法、沉淀法,其中以沉淀法的应用最为广泛,在此仅介绍沉淀法的基本操作。沉淀法的基本操作包括:沉淀的进行,沉淀的过滤和洗涤,烘干或灼烧,称重等。为使沉淀完全、纯净,应根据沉淀的类型选择适宜的操作条件,对于每步操作都要细心进行,以得到准确的分析结果。下面主要介绍沉淀的过滤、洗涤和转移的基础知识和基本操作。

一、沉淀的过滤

根据沉淀在灼烧中是否会被纸灰还原及称量形式的性质,选择滤纸或玻璃滤器过滤。

① 滤纸的选择　定量滤纸又称无灰滤纸(每张灰分在0.1mg以下或准确已知)。由沉淀量和沉淀的性质决定选用大小和致密程度不同的快速、中速和慢速滤纸。晶形沉淀多用致密滤纸过滤,蓬松的无定形沉淀要用较大的疏松的滤纸过滤。由滤纸的大小选择合适的漏斗,放入的滤纸应比漏斗沿低0.5~1cm。

② 滤纸的折叠和放置　如图2-7所示,先将滤纸沿直径对折成半圆[图2-7(a)],再根据漏斗角度的大小折叠[可以大于90°,见图2-7(b)]。折好的滤纸,一个半边为三层,另一个半边为单层,为使滤纸三层部分紧贴漏斗内壁,可将滤纸的上角撕下[图2-7(c)],并留作擦拭沉淀用。将折叠好的滤纸放在洁净的漏斗中,用手指按住滤纸,加蒸馏水至满,必要时用手指小心轻压滤纸,把留在滤纸与漏斗壁之间的气泡赶走,使滤纸紧贴漏斗并使水充满漏斗颈形成水柱,以加快过滤速度。

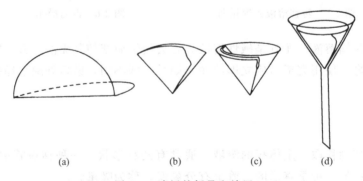

(a)　　(b)　　(c)　　(d)

图2-7　滤纸的折叠和放置

③ 沉淀的过滤　一般多采用"倾泻法"过滤,操作如图2-8所示:将漏斗置于漏斗架之上,接收滤液的洁净烧杯放在漏斗下面,使漏斗颈下端在烧杯边沿以下3~4cm处,并与

烧杯内壁靠紧。先将沉淀倾斜静置，清液小心倾入漏斗滤纸中，使清液先通过滤纸，而沉淀尽可能地留在烧杯中，尽量不搅动沉淀，操作时一手拿住玻璃棒，使与滤纸近于垂直，玻璃棒位于三层滤纸上方，但不和滤纸接触。另一只手拿住盛沉淀的烧杯，烧杯嘴靠住玻璃棒，慢慢将烧杯倾斜，使上层清液沿着玻璃棒流入滤纸中，随着滤液的流注，漏斗中液体的体积增加，至滤纸高度的 2/3 处，停止倾注（切勿注满），停止倾注时，可沿玻璃棒将烧杯嘴往上提一小段，扶正烧杯；在扶正烧杯以前不可将烧杯嘴离开玻璃棒，并注意不让沾在玻璃棒上的液滴或沉淀损失，把玻璃棒放在烧杯内，但勿把玻璃棒靠在烧杯嘴部。

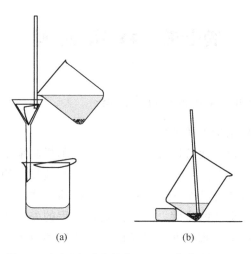

图 2-8　倾泻法过滤操作（a）和倾斜静置（b）

二、沉淀的洗涤和转移

① 洗涤沉淀　一般也采用倾泻法，为提高洗涤效率，按"少量多次"的原则进行。即加入少量洗涤液，充分搅拌后静置，待沉淀下沉后，倾泻上层清液，再重复操作数次后，将沉淀转移到滤纸上。

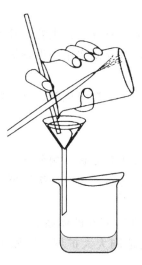

图 2-9　沉淀转移操作　　图 2-10　在滤纸上洗涤沉淀

② 转移沉淀 在烧杯中加入少量洗涤液，将沉淀充分搅起，立即将悬浊液一次转移到滤纸中。然后用洗瓶吹洗烧杯内壁、玻璃棒，再重复以上操作数次；这时在烧杯内壁和玻璃棒上可能仍残留少量沉淀，这时可用撕下的滤纸角擦拭，放入漏斗中，然后如图2-9进行最后冲洗。

沉淀全部转移完全后，再在滤纸上进行洗涤，以除尽全部杂质。注意在用洗瓶冲洗时是自上而下螺旋式冲洗（图2-10），以使沉淀集中在滤纸锥体最下部，重复多次，直至检查无杂质为止。

第七节 样品处理

一、样品前处理在分析化学中的地位及分类

(1) 样品前处理在分析化学中的地位

一个完整的样品分析过程大致可以分为4个步骤：①样品采集；②样品前处理；③分析测定；④数据处理与报告结果。其中样品前处理所需时间最长，约占整个分析时间的三分之二。通常分析一个样品只需几分钟至几十分钟，而分析前的样品处理却要几小时。因此样品的前处理是分析过程中一个重要的步骤，样品前处理过程的先进与否，直接关系到分析方法的优劣。由于样品前处理过程的重要性，样品前处理方法和技术的研究已经引起了分析化学家的广泛关注。

(2) 样品前处理分类

按照样品形态来分，主要分为固体、液体、气体样品的前处理技术。固体样品的前处理技术主要有索氏提取、微波辅助萃取、超临界流体萃取和加速溶剂萃取等。液体样品的前处理技术主要有液-液萃取、固相萃取、液膜萃取、吹扫捕集、液相微萃取等。气体样品的前处理方法有固体吸附剂法、全量空气法等。

二、样品前处理技术的发展

在样品前处理技术中，目前使用最广泛的仍然是经典方法，主要是技术上得到了进一步完善，相应的新材料、新试剂、新方法得到了发展，更方便实用的设备被不断开发出来。

(1) 制样

开发出了精巧高效的粉碎设备，如高速粉碎机、超声粉碎机等，这些粉碎机的研发极大地提高了制样的效率和试样的质量。

(2) 样品分解及提取

形成了完整的各类热分解、酸分解、碱分解、熔融盐分解、酶分解体系，包括干法、湿法等各种方法。设备方面有自动控制高温炉、自控振荡器、超声波提取器等。

(3) 样品分离富集方法

① 沉淀法 形成了无机沉淀、有机沉淀、共沉淀等完整的体系。

② 蒸馏挥发法 扫集共蒸馏技术使蒸馏法应用范围大大扩展，冷原子吸收法测汞仪是扫集共蒸馏技术应用的一个典型案例。

③ 溶液萃取分离法 在无机分析方面，螯合物萃取体系、离子缔合物萃取体系及酸性

磷类萃取体系广泛应用于痕量元素的萃取分离；而有机溶剂的液-液萃取在有机物分析上是一种有效的提纯手段。

④ 离子交换法：新的离子交换剂的出现，使这一传统方法扩展了应用领域。

⑤ 吸附法　在无机领域使用黄原棉等吸附剂，在有机领域，硅胶、活性炭、多孔高分子聚合物等应用最广泛。

⑥ 色谱法　薄层色谱法、萃取色谱法、柱色谱法、离心色谱法、高压液相色谱法、毛细管色谱法等在各自的领域发展很活跃，色谱法的发展代表了分离富集技术发展的主要方向。

三、样品前处理技术研究进展

1. 微量化

随着终端检测仪器的迅速发展，用于检测的样品量越来越少，与之相对应的样品前处理体系也随之向微量化方向发展。微量化首先在医学领域的检测中得到广泛的应用。

2. 新方法和新技术

新方法和新技术的发展有的是对传统方法的改进，有的则是引入新原理和新技术。近年来发展较快的样品前处理技术有以下几种。

（1）超临界流体萃取

超临界流体是流体界于临界温度及压力时的一种状态，超临界流体萃取的分离原理是利用超临界流体的溶解能力与其密度的关系，即利用压力和温度对超临界流体溶解能力的影响而进行萃取的。它克服了传统的索氏提取费时费力、回收率低、重现性差、污染严重等弊端，使样品的提取过程更加快速、简便，同时消除了有机溶剂对人体和环境的危害，并可与许多分析检测仪器联用，在医药、食品、化学、环境等领域应用最为广泛。

（2）固相微萃取

固相微萃取的原理是将各类交联键合固定相熔融在具有外套管的注射器内芯棒上，使用时将芯棒推出，浸于粗制样液中，待测组分被吸附在芯棒上，然后将样针芯棒直接插入气相或液相色谱仪的进样口中，被测组分在进样口中将被解析下来进行色谱分析。这项技术具有操作简单、分析时间短、样品用量小、重现性好等优点。固相微萃取通过利用气相色谱、高效液相色谱等作为后续分析仪器，可实现对多种样品的快速分离分析。通过控制各种萃取参数，可实现对痕量被测组分的高重复性、高准确度的测定。

（3）凝胶自动净化装置

凝胶渗透色谱是液相分配色谱的一种，其分离基础是溶液中溶质分子的体积大小不同。凝胶自动净化就是利用凝胶渗透色谱原理来净化样品的技术，近年来被广泛应用于生物、环境、医药等样品的分离和净化。

（4）固相萃取技术

固相萃取是 20 世纪 70 年代后期发展起来的样品前处理技术，它利用固体吸附剂将目标化合物吸附，使之与样品的基体及干扰化合物分离，然后用洗脱液洗脱或加热解脱，从而达到分离和富集目标化合物的目的。该项技术具有回收率和富集倍数高、有机溶剂消耗量低、操作简便快速、费用低等优点，易于实现自动化并可与其他分析仪器联用。在很多情况下，固相萃取作为制备液体样品优先考虑的方法取代了传统的液-液萃取法，如美国环境保护署（EPA）将其用于水中农药含量的测定。

(5) 液相微萃取

液相微萃取的原理是利用待测物在两种不混溶的溶剂中溶解度和分配比的不同而进行萃取的方法。该项技术集萃取、净化、浓缩、预分离于一体，具有萃取效率高、消耗有机溶剂少、快速、灵敏等优点，是一种较环保的萃取方法。

(6) 吹扫捕集法

吹扫捕集法利用待测物的挥发性，直接抽取样品顶空气体进行色谱分析，利用载气尽量吹出样品中的待测物后，用冷冻捕集或吸附剂捕集的方法收集被测物。吹扫捕集技术具有快速、准确、高灵敏度、高富集效率等优点，在食品、饮料、蔬菜、药物等样品的前处理中展示了广阔的应用前景。

(7) 膜分离技术

膜分离技术是指以选择性透过膜为分离介质，通过在膜两侧施加某种推动力，如压力差、浓度差等，使样品一侧中的欲分离组分选择性地通过膜，即低分子溶质通过膜，大分子溶质被截留，以此来分离溶液中不同分子量的物质，从而达到分离提纯的目的。一般膜分离是在压力的作用下进行的，分离过程瞬间完成，因此具有装置简单、结构紧凑、设备体积小、更易于操作和实现系统自动化运行等优点。膜分离技术在众多领域里可以代替离心、沉降、蒸发、吸附等传统的分离手段，提高了分离效率，降低了运行成本，简化了操作。

(8) 热解吸

热解吸是将固体、液体、气体样品或吸附有待测物的吸附管置于热解吸装置中，当装置升温时，挥发性、半挥发性组分从被解吸物中释放出来，通过惰性载气带着待测物进入GC、GC-MS中进行分析的一种技术。该技术具有灵敏度高、环境污染小等特点，当其与气相色谱或质谱联用时，可进行复杂样品的分析测定，应用范围较广。

(9) 微波消解法

在微波磁场中，被消解样品的极性分子快速转动和定向排列，从而产生振动。在较高温度和压力下消解样品，可以激发化学物质，从而使氧化剂的氧化能力大大加强，使样品表层扰动破裂，并不断产生新的与试剂接触的表面，加速了样品的消解。微波消解法是一种高效省时的现代制样技术，普遍用于原子光谱分析的样品前处理。

3. 在线技术

在线技术是样品前处理过程与终端检测装置结合在一起实现自动化的技术，今后的发展趋势就是尽可能使这两个过程全部结合起来，这样不但可减轻劳动强度，节省人力，更主要的是可以防止人工操作无法避免的由于个体差异所产生的误差，提高分析测试的灵敏度、准确度与重现性。

第三章

化学分析实验

第一节 验证性实验

实验一 电子天平的使用方法及称量操作练习

【实验目的】
1. 学会电子天平的使用和正确的称量方法。
2. 初步掌握递减法和固定质量称量法的称样方法。
3. 学习在称量中如何正确运用有效数字。

【实验原理】
电子天平是最新一代的天平,它是根据电磁力平衡原理直接称量,全量程不需要砝码,放上被测物质后,在几秒内达到平衡,直接显示读数,具有称量速度快、精度高的特点。

它的支撑点采取弹性簧片代替机械天平的玛瑙刀口,用差动变压器取代升降枢装置,用数字显示代替指针刻度,因此具有体积小、使用寿命长、性能稳定、操作简便和灵敏度高的特点。此外,电子天平还具有自动校正、自动去皮、超载显示、故障报警等功能,以及具有质量电信号输出功能,且可与计算机联用,进一步扩展了其功能,如统计称量的最大值、最小值、平均值和标准偏差等。由于电子天平具有机械天平无法比拟的优点,尽管其价格偏高,但也会越来越广泛地应用于各个领域,并逐步取代机械天平。

电子天平在使用前须先调水平,然后开机预热 30min 再进行称量。电子天平有三种称量方法:直接称量法、固定质量称量法和递减称量法。直接称量法用于称量物体的质量,如称量某小烧杯的质量,在天平上直接称出物体的质量。此法适用于称量洁净、干燥的不易潮解或升华的固体试样。

固定质量称量法是称取某一指定质量的试样。为了便于试样或试剂的定量转移,常采用表面皿或小烧杯等器皿盛试样称量。这种方法适合于称量不吸水、在空气中性质稳定的试样,如金属、矿石等。

递减称量法适用于称量易吸水、易氧化或易与 CO_2 反应的试样。称量时,用小纸条夹住称量瓶,将装有样品的称量瓶放在天平托盘的正中央,关好天平门,待显示平衡后读数。用小纸条夹住称量瓶从天平中取出,倾出样品后,再一次称量,两次称量的差值即为倾出样品的质量。

不同类型天平见图 3-1。

(a) 台秤

(b) 半机械加码电光分析天平

(c) 电子天平

图 3-1　不同类型天平

电子天平的结构包括：天平门、称量台、水平仪、水平调节螺钉、显示屏及功能键。
(1) 称量
① 根据不同的称量对象和不同的天平，应当根据实际情况选用合适的称量操作方法。
② 称量时，要根据不同的称量对象，选择合适的天平和称量方法。一般称量使用普通托盘天平即可，对于质量精度要求高的样品和基准物质应使用电子天平来称量。
(2) 称量前的检查
① 取下天平罩，叠好，放于天平后。
② 检查天平盘内是否干净，必要的话予以清扫。
③ 检查天平是否水平，若不水平，调节底座螺钉，使气泡位于水平仪中心。
④ 检查硅胶是否变色失效，若是，应及时更换。
(3) 电子天平的一般使用方法
电子天平的使用方法较半自动电光天平来说大为简化，无须加减砝码，调节质量。复杂的操作由程序代替。
① 开机：关好天平门，轻按"ON"键，LTD 指示灯全亮，松开手，天平先显示型号，稍后显示为"0.0000g"，即可开始使用。
② 直接称量：在 LTD 指示灯显示为"0.0000g"时，打开天平侧门，将被测物小心置于秤盘上，关闭天平门，待数字不再变动后即得被测物的质量。打开天平门，取出被测物，关闭天平门。
③ 去皮称量：将容器置于秤盘上，关闭天平门，待天平稳定后按"TAR"键清零，LTD 指示灯显示为"0.0000g"，取出容器，变动容器中物质的质量，将容器放回托盘，不关闭天平门粗略读数，看质量变动是否达到要求，若在所需范围之内，则关闭天平门，读出质量变动的准确值。以质量增加为正，减少为负。
(4) 电子天平的使用注意事项
① 在开关门、放取称量物时，动作必须轻缓，切不可用力过猛或过快，以免造成天平损坏。
② 对于过热或过冷的称量物，应使其回到室温后方可称量。

③ 称量物的总质量不能超过天平的称量范围。在固定质量称量时要特别注意。

④ 所有称量物都必须置于一定的洁净、干燥容器（如烧杯、表面皿、称量瓶等）中进行称量，以免沾染腐蚀天平。

⑤ 为避免手上的油脂、汗液污染，不能用手直接拿取容器。称取易挥发或易与空气作用的物质时，必须使用称量瓶，以确保在称量过程中物质质量不发生变化。

⑥ 天平状态稳定后不要随便变更设置。

⑦ 天平上门一般不使用，操作时开侧门。

⑧ 通常在天平中放置变色硅胶作干燥剂，若硅胶变色失效应及时更换。

⑨ 实验数据必须记录到称量表格上，不允许记录到其他地方。

⑩ 注意保持天平内外的干净卫生。

⑪ 称量完毕，取出称量瓶，按开关"ON/OFF"键，关闭电源，套上防尘罩，登记天平的使用情况。

【仪器和试剂】

仪器：分析天平，小烧杯（50mL 或 100mL）2 只，称量瓶 1 只。

试剂：Na_2CO_3 试样（AR）。

【实验步骤】

① 准备两只洁净、干燥并编有号码的小烧杯，在电子天平上精确称出其质量，准确到 0.1mg。

② 取一只装有试样的称量瓶，在电子天平上精确称出其质量，记为 m_1，然后自天平中取出其称量瓶，将试样慢慢倾入上面已称出质量的第一只小烧杯中，倾样时由于初次称量，缺乏经验，很难一次倾准，因此要试称，即第一次倾出少一些，根据此质量估计不足的量（为倾出量的几倍），继续倾出此量，然后再准确称量，记为 m_2，则 m_1-m_2 即为倾出第一份试样的质量。

③ 第一份试样称好后，再倾第二份试样于第二只烧杯中，称出称量瓶加剩余试样的质量，记为 m_3，则 m_2-m_3 即为第二份试样的质量。

④ 分别称出"小烧杯+试样"的质量，记为 m_4 和 m_5。

⑤ 结果的检验：a. 检查 m_1-m_2 是否等于第一只小烧杯中增加的质量；m_2-m_3 是否等于第二只小烧杯中增加的质量；如不相等，求出差值，要求称量的绝对差值小于 0.5mg。b. 再检查倒入小烧杯中的两份试样的质量是否合乎要求（即在 0.2~0.4g 之间）。c. 如不符合要求，分析原因并继续称量。

【数据记录】

记录项目	I	II
称量瓶+试样的质量(倒出前)	$m_1=$	$m_2=$
(称量瓶+试样)的质量(倒出后)	$m_2=$	$m_3=$
称出试样的质量		
烧杯+称出试样的质量	$m_4=$	$m_5=$
空烧杯的质量		
称出试样的质量		
绝对差值		

【思考题】

1. 递减法称量是怎样进行的？增重法的称量是怎样进行的？它们各有什么优缺点？宜在何种情况下采用？
2. 电子天平的"去皮"称量是怎样进行的？
3. 在称量的记录和计算过程中，如何正确运用有效数字？

实验二　溶液的配制

【实验目的】

1. 学习普通玻璃仪器的洗涤方法。
2. 熟悉台秤、量筒的使用方法及一些化学试剂方面的基本知识。
3. 学习一般溶液的配制方法。

【实验原理】

溶液由溶质和溶剂组成。以水为溶剂的溶液称为水溶液。一定量的溶液或溶剂中所含溶质的量（物质的量、质量、体积等）称为溶液的浓度。

化学实验中使用的溶液分为标准溶液和一般溶液。标准溶液是准确确定了溶液中所含元素、离子、化合物或基团浓度的溶液。其配制方法是通过分析天平、容量瓶和移液管来完成。本实验学习配制一般溶液，其浓度精度要求不高，用小台秤、量筒、蒸馏水配制即可。

【仪器和试剂】

仪器：小台秤，量筒，烧杯（500mL 2只、100mL 2只），棕色试剂瓶，砂芯漏斗，玻璃棒。

试剂：浓盐酸(AR)，固体 NaOH(AR)，固体 $KMnO_4$(AR)，固体 NaCl(AR)。

【实验步骤】

1. 配制 0.1mol/L NaOH 溶液 500mL

先计算配制 500mL 0.1mol/L NaOH 溶液所需固体 NaOH 的质量。用台秤称出后倒入 500mL 烧杯中，加适量水溶解，加蒸馏水稀释至 500mL，搅匀。

2. 配制 0.1mol/L HCl 溶液 400mL

根据原装浓盐酸瓶标签可知其质量分数为 0.368，密度为 1.19g/mL，试计算浓盐酸物质的量浓度，进一步计算出配制 400mL 0.1mol/L HCl 溶液所需浓盐酸的体积。先将适量的蒸馏水倒入烧杯中，再缓慢地沿杯壁加入算出量的浓盐酸，一边加入一边搅拌，加蒸馏水稀释到 400mL，混合均匀。

3. 配制近似 0.1mol/L $KMnO_4$ 溶液 60mL

计算配制 60mL 0.1mol/L $KMnO_4$ 溶液所需固体 $KMnO_4$ 的量。称后倒入 100mL 烧杯中，用量筒量取 60mL 蒸馏水，加入烧杯中然后加热煮沸，搅拌至溶，冷却，倒入棕色试剂瓶中于暗处保存七天，用砂芯漏斗过滤后使用。

4. 配制生理盐水（9.0g/L NaCl 溶液 100mL）

用台秤称取 0.9g 氯化钠，放入小烧杯中，加少量蒸馏水溶解，最后加蒸馏水至 100mL，混合均匀。这样配得的生理盐水，经过过滤、高压消毒灭菌后才能用于临床。

【思考题】

配制溶液所用水的体积是否需要准确量取？为什么？

实验三 滴定分析基本操作练习

【实验目的】

1. 学习滴定分析仪器的洗涤方法。
2. 学习移液管、滴定管和容量瓶等的正确用法。
3. 练习滴定操作。

【实验原理】

酸碱滴定法是利用酸碱中和反应测定酸或碱浓度或含量的定量分析法。量取一定体积的酸溶液,用碱溶液滴定。按照化学反应方程式的计量关系,可以从所用的酸溶液和碱溶液的体积与酸溶液的浓度算出碱溶液的浓度。例如,酸 A 和碱 B 发生中和反应,反应式为:

$$a\text{A} + b\text{B} = c\text{C} + d\text{D}$$

则发生反应的 A 和 B 的物质的量 n_A 和 n_B 之间有如下关系:

$$n_A = \frac{a}{b} n_B \quad \text{或} \quad n_B = \frac{b}{a} n_A$$

$$c_A V_A = \frac{a}{b} c_B V_B$$

所以:

$$c_B = \frac{b}{a} \times \frac{c_A V_A}{V_B}$$

反之,也可以从 $c_{碱}$、$V_{碱}$ 和 $V_{酸}$ 求出 $c_{酸}$。

滴定终点的确定可借助于酸碱指示剂。指示剂本身是一种弱酸或弱碱,在不同 pH 范围内可显示不同的颜色,滴定时应根据不同的反应体系选用适当的指示剂,以减少滴定误差。实验室常用的指示剂有酚酞(变色范围为 pH=8.0~9.8)、甲基红(变色范围为 pH=4.2~6.2)、甲基橙(变色范围为 pH=3.0~4.4)等。

【仪器和试剂】

仪器:聚四氟乙烯滴定管(50mL),移液管(25mL),锥形瓶(250mL)。

试剂:酚酞指示剂(0.2%),甲基橙指示剂(0.2%),浓盐酸(AR),固体 NaOH(AR)。

【实验步骤】

1. 溶液的配制

配制 0.1mol/L NaOH 溶液 500mL 和 0.1mol/L HCl 溶液 400mL。

2. 酸碱滴定练习

(1) 用 NaOH 溶液滴定 HCl 溶液

用 0.1mol/L NaOH 溶液将已洗净的滴定管润洗三遍,每次用 5~6mL 溶液润洗,然后将 NaOH 溶液倒入滴定管,赶走气泡,调节滴定管内溶液的凹液面最低处至"0.00"刻度线附近,读数后将滴定管置于滴定管架上。用 HCl 溶液将已洗净的 25mL 移液管润洗三次,然后准确移取 25.00mL HCl 溶液于 250mL 锥形瓶中,加入 0.2%酚酞指示剂 2 滴,用 NaOH 溶液滴定至微红色(30s 不褪色)即为终点。平行滴定三份,记录数据。

(2) 用 HCl 溶液滴定 NaOH 溶液

用 0.1mol/L HCl 溶液将已洗净的滴定管润洗三遍，每次用 5~6mL 溶液润洗，然后将 HCl 溶液倒入滴定管，赶走气泡，调节滴定管内溶液的弯液面至"0.00"刻度线附近，读数后将滴定管置于滴定管架上。用 NaOH 溶液将已洗净的 25mL 移液管润洗三次，然后准确移取 25.00mL NaOH 溶液于 250mL 锥形瓶中，加入 0.2%甲基橙指示剂 2 滴，用 HCl 溶液滴定至溶液由黄色突变为橙色（30s 不褪色）即为终点。平行滴定三份，记录数据。

【数据记录】

记录项目	Ⅰ	Ⅱ	Ⅲ
NaOH 终读数/mL			
NaOH 初读数/mL			
V_{NaOH}/mL			
HCl 终读数/mL			
HCl 初读数/mL			
V_{HCl}/mL			
V_{NaOH}/V_{HCl}			
V_{NaOH}/V_{HCl} 平均值			
个别测定的绝对偏差			
相对平均偏差			

【思考题】

1. 在滴定分析实验中，滴定管和移液管为何要用滴定剂和待移取液润洗 3 次？滴定中使用的锥形瓶洗干净后是否需要烘干，是否也要用滴定剂润洗？为什么？
2. 滴定管、移液管及容量瓶是滴定分析中量取溶液体积的三种量器，记录时应记几位有效数字？
3. 滴定管读数的起点为何每次均要调到"0.00"刻度附近，其道理何在？
4. 滴定管有气泡存在时对滴定有何影响？应如何除去滴定管中的气泡？
5. 使用移液管的要领是什么？为何要垂直靠在接收容器的内上壁流下液体？为何放完液体后要停一定时间？最后留于管尖的液体如何处理，为什么？
6. 接近终点时，为什么要用蒸馏水冲洗锥形瓶内壁？

实验四 酸碱标准溶液的标定

【实验目的】
1. 巩固分析天平的正确使用方法，继续练习滴定分析的基本操作。
2. 学习酸碱溶液浓度的标定方法。

【实验原理】

可用来标定酸、碱标准溶液的基准物质很多。该实验用无水 Na_2CO_3 作为基准物质来标定 HCl 溶液，以甲基橙为指示剂，滴定反应如下：

$$Na_2CO_3 + 2HCl = 2NaCl + H_2O + CO_2 \uparrow$$

根据化学反应计量关系，有：

$$n(Na_2CO_3) : n(HCl) = 1 : 2$$

根据所用 Na_2CO_3 的质量和 HCl 溶液的体积，可求出 HCl 溶液的准确浓度：

$$c_{HCl} = \frac{2m_{Na_2CO_3}}{V_{HCl} M_{Na_2CO_3}/1000}$$

式中，c_{HCl} 为盐酸的浓度，mol/L；$m_{Na_2CO_3}$ 为碳酸钠的质量，g；V_{HCl} 为消耗盐酸的体积，mL；$M_{Na_2CO_3}$ 为碳酸钠的摩尔质量，g/mol。

用已标定的 HCl 标准溶液可以测定 NaOH 标准溶液的准确浓度。

【仪器和试剂】

仪器：烧杯，玻璃棒，分析天平，容量瓶，移液管，锥形瓶，滴定管。

试剂：浓盐酸（AR），固体 NaOH（AR），无水碳酸钠（AR），甲基橙指示剂，酚酞指示剂。

【实验步骤】

1. 配制 0.1mol/L HCl 溶液 400mL

根据原装浓盐酸瓶标签可知其质量分数为 0.368，密度为 1.19g/mL，计算浓盐酸的物质的量浓度，进一步计算出配制 400mL 0.1mol/L HCl 溶液所需浓盐酸的体积。先将适量的蒸馏水倒入烧杯中，再加入计算出的浓盐酸量，搅拌后加蒸馏水稀释到 400mL，混合均匀。

2. 配制 0.1mol/L NaOH 溶液 500mL

先计算配制 500mL 0.1mol/L NaOH 溶液所需固体 NaOH 的质量。用台秤称出后倒入 500mL 烧杯中，加适量水溶解，加蒸馏水稀释至 500mL，搅匀。

3. Na_2CO_3 基准溶液的配制

在分析天平上准确称取 1.20~1.40g 无水 Na_2CO_3，置于烧杯中，加入 50mL 蒸馏水，微热，小心搅拌使之溶解。冷却后，小心地将其全部转移至 250mL 容量瓶中，用水稀释至刻度，混合均匀。

4. HCl 溶液的标定

用移液管移取 25.00mL Na_2CO_3 溶液于锥形瓶中，加入甲基橙 1~2 滴，混匀，此时溶液呈黄色。

在滴定管中装入浓度约为 0.1mol/L 的待标定 HCl 溶液。记下初始读数后，用 HCl 滴定 Na_2CO_3 溶液，并不断摇动，直到溶液恰好变为橙色为止。记下滴定管最后读数。重复滴定三次，要求彼此的体积差小于 0.10mL，计算 HCl 标准溶液的浓度。

5. NaOH 溶液浓度的测定

用移液管移取 25.00mL HCl 标准溶液于锥形瓶中，加入 1~2 滴酚酞，在滴定管中装入待测 NaOH 溶液。用 NaOH 滴定 HCl 至溶液由无色变为微红色（放置 30s 不褪色）为止。重复滴定三次，要求彼此的体积差小于 0.10mL，计算 NaOH 标准溶液的浓度。

【数据记录】

1. HCl 溶液的标定

记录项目	I	II	III
称量瓶＋Na_2CO_3 的质量（前）/g			
称量瓶＋Na_2CO_3 的质量（后）/g			
Na_2CO_3 的质量/g			
HCl 体积终读数/mL			
HCl 体积初读数/mL			

续表

记录项目	I	II	III
V_{HCl}/mL			
c_{HCl}/(mol/L)			
$\bar{c}_{HCl}$/(mol/L)			
个别测定的绝对偏差			
相对平均偏差/%			

2. NaOH 溶液浓度的测定

记录项目	I	II	III
NaOH 体积终读数/mL			
NaOH 体积初读数/mL			
V_{NaOH}/mL			
$\bar{c}_{HCl}$/(mol/L)			
c_{NaOH}/(mol/L)			
$\bar{c}_{NaOH}$/(mol/L)			
个别测定的绝对偏差			
相对平均偏差/%			

【思考题】

1. 溶解基准物质所用水的体积的量取，是否需要准确？为什么？
2. 用于标定的锥形瓶，其内壁是否需要预先干燥？为什么？
3. 用 Na_2CO_3 为基准物标定 0.1mol/L HCl 溶液时，基准物称取量如何计算？
4. 如果 NaOH 标准溶液在保存过程中吸收了空气中的 CO_2，用该标准溶液滴定盐酸，以甲基橙为指示剂，用 NaOH 溶液原来的浓度进行计算会不会引入误差？若用酚酞为指示剂进行滴定，又怎样？

实验五 有机酸（草酸）摩尔质量的测定（酸碱滴定法）

【实验目的】

1. 掌握用基准物质标定 NaOH 溶液浓度的方法。
2. 了解有机酸摩尔质量测定的原理和方法。

【实验原理】

绝大多数有机酸为弱酸，它们和 NaOH 溶液的反应为：

$$n\text{NaOH} + \text{H}_n\text{A} = \text{Na}_n\text{A} + n\text{H}_2\text{O}$$

当有机酸的各级解离常数与浓度的乘积均大于 10^{-8} 时，有机酸中的氢均能被准确滴定。用酸碱滴定法，可以测得有机酸的摩尔质量。测定时，n 值需已知。由于滴定产物是强碱弱酸盐，滴定突跃在碱性范围内，因此可选用酚酞作指示剂。

NaOH不符合基准物质的条件，必须用近似法配制，然后用基准物标定。本实验采用邻苯二甲酸氢钾为基准物质、酚酞为指示剂标定NaOH溶液的浓度，其反应式为：

$$OH^- + HC_8H_4O_4^- = C_8H_4O_4^{2-} + H_2O$$

计算公式：

$$c_{NaOH} = \frac{\dfrac{m_{KHC_8H_4O_4}}{M_{KHC_8H_4O_4}}}{V_{NaOH} \times 10^{-3}}$$

式中 c_{NaOH}——氢氧化钠的浓度，mol/L；

$m_{KHC_8H_4O_4}$——邻苯二甲酸氢钾的质量，g；

V_{NaOH}——消耗的氢氧化钠体积，mL；

$M_{KHC_8H_4O_4}$——邻苯二甲酸氢钾的摩尔质量，g/mol。

$$M = \frac{2m}{cV \times 10^{-2}}$$

式中 M——草酸的摩尔质量，g/mol；

m——称取的草酸样品质量，g；

c——氢氧化钠标准溶液的浓度，mol/L；

V——单次测定消耗氢氧化钠的体积，mL。

【仪器和试剂】

仪器：分析天平，台秤，聚四氟乙烯滴定管（50mL），移液管（25mL），锥形瓶（250mL），烧杯，量筒，250mL容量瓶等。

试剂：NaOH固体（AR），酚酞指示剂0.2%，邻苯二甲酸氢钾（基准物质），草酸。

【实验步骤】

1. 0.1mol/L NaOH溶液的配制与标定

(1) 0.1mol/L NaOH溶液的配制

用小烧杯在台秤上称取2g固体NaOH，加入少量蒸馏水，溶解完全后转移至大烧杯，加水稀释至500mL，待用。

(2) 0.1mol/L NaOH溶液的标定

用差减法称量邻苯二甲酸氢钾三份，每份0.4～0.6g，分别倒入250mL带标记的锥形瓶中，加入40～50mL水使之溶解，加入1～2滴酚酞指示剂，用待标定的NaOH溶液滴定至呈现微红色，保持30s内不褪色，即为终点。平行测定3次，计算NaOH溶液的浓度和相对平均偏差。

2. 草酸溶液的配制

在分析天平上，用差减法准确称取$H_2C_2O_4 \cdot 2H_2O$固体约1.9g，置于小烧杯中，加入适量煮沸并冷却的蒸馏水溶解，将溶液转移到250mL容量瓶中，再用少量蒸馏水洗涤烧杯几次，洗涤液一并加入容量瓶中，然后加入蒸馏水至刻度，摇匀，待用。

3. 用NaOH标准溶液滴定$H_2C_2O_4 \cdot 2H_2O$溶液

用移液管平行移取25.00mL配制好的$H_2C_2O_4 \cdot 2H_2O$试液3份，分别放入250mL锥形瓶中，加酚酞指示剂1～2滴。用NaOH标准溶液滴定至溶液由无色变为微红色，30s内不褪色，即为终点。平行滴定3次，计算有机酸的摩尔质量。

【数据记录】

1. 0.1mol/L NaOH 溶液的标定

平行实验	Ⅰ	Ⅱ	Ⅲ
称取 $KHC_8H_4O_4$ 的质量/g			
NaOH 体积终读数/mL			
NaOH 体积初读数/mL			
消耗 NaOH 溶液的体积/mL			
NaOH 溶液的浓度/(mol/L)			
NaOH 溶液的平均浓度/(mol/L)			
单次测定的绝对偏差/(mol/L)			
相对平均偏差/%			

2. （草酸）摩尔质量的测定

项目	Ⅰ	Ⅱ	Ⅲ
称取草酸的质量/g			
移取草酸的体积/mL	25.00	25.00	25.00
标准 NaOH 的浓度/(mol/L)			
NaOH 体积终读数/mL			
NaOH 体积初读数/mL			
消耗 NaOH 的体积/mL			
草酸的摩尔质量/(g/mol)			
草酸摩尔质量平均值/(g/mol)			
单次测定的绝对偏差/(g/mol)			
相对平均偏差/%			

【思考题】

1. 草酸钠能否作为酸碱滴定的基准物？为什么？
2. 使用容量瓶前为什么要检查是否漏水？

实验六 铵盐中氮含量的测定

【实验目的】

1. 进一步熟练酸碱滴定操作。
2. 了解甲醛测定氮的原理（弱酸强化）。
3. 了解酸碱滴定的实际应用。
4. 考核学生滴定分析原理、操作技能、分析天平的使用和实际应用能力。学生对仪器准备、溶液配制、样品称量、实验过程、结果报告、结束清洁等过程的掌握。

【实验原理】

铵盐中氮含量的测定有蒸馏法和甲醛法两种，用甲醛法测定时，用的是酸碱滴定中的间接滴定方法。

甲醛与铵盐作用后,可生成等物质的量的酸,例如:
$$2(NH_4)_2SO_4 + 6HCHO \longrightarrow (CH_2)_6N_4 + 2H_2SO_4 + 6H_2O$$

反应生成的酸可以用氢氧化钠标准溶液滴定,由于生成的另一种产物六亚甲基四胺 $[(CH_2)_6N_4]$ 是一个很弱的碱,化学计量点时 pH 值约为 8.8,因此用酚酞作指示剂。

$$w_N = \frac{(cV)_{NaOH} M_N / 1000}{m} \times 100\%$$

式中,体积单位为 mL。

【仪器和试剂】

仪器:分析天平,称量瓶,聚四氟乙烯滴定管,锥形瓶,量筒。

药品:0.1mol/L 标准氢氧化钠溶液,酚酞指示剂(0.1% 的 60% 乙醇溶液),硫酸铵试样,40% 中性甲醛溶液(以酚酞为指示剂,用 0.1mol/L 氢氧化钠中和至呈粉红色后使用)。

【实验步骤】

用差减法准确称取 0.12~0.15g 的硫酸铵试样三份,分别置于 250mL 锥形瓶中,加入 40mL 蒸馏水使其溶解,再加 4mL 40% 甲醛中性水溶液,1~2 滴酚酞指示剂,充分摇匀后静置 1min,使反应完全,最后用 0.1mol/L 氢氧化钠标准溶液滴定至粉红色。

如果试样中含游离酸,应事先中和除去,此处不做要求。

【数据记录】

测定次数	I	II	III
$(NH_4)_2SO_4$ + 称量瓶质量/g			
倾倒后 $(NH_4)_2SO_4$ + 称量瓶质量/g			
$(NH_4)_2SO_4$ 质量/g			
NaOH 溶液终读数/mL			
NaOH 溶液初读数/mL			
V(NaOH)/mL			
w_N/%			
$\overline{w}_N$/%			
相对平均偏差			

【思考题】

能否用甲醛法测定硝酸铵、氯化铵中的氮含量?

实验七 混合碱中 Na_2CO_3 和 $NaHCO_3$ 含量的测定

【实验目的】

1. 掌握 HCl 标准溶液的配制和标定方法。
2. 了解测定混合碱中 $NaHCO_3$、Na_2CO_3 含量的原理和方法。
3. 掌握在同一份溶液中用双指示剂法测定混合碱中 $NaHCO_3$、Na_2CO_3 的含量。

【实验原理】

混合碱中含有 Na_2CO_3 和 $NaHCO_3$ 两种组分,在标定时,反应如下:

$$Na_2CO_3 + HCl = NaCl + NaHCO_3$$
$$NaHCO_3 + HCl = NaCl + CO_2\uparrow + H_2O$$

可用酚酞及甲基橙来分别作指示剂，当酚酞变色时，Na_2CO_3 全部变为 $NaHCO_3$，在此溶液中再加甲基橙指示剂，继续滴加到终点，则滴定完成。

HCl 标准溶液浓度的计算公式：

$$c_{HCl} = \frac{2m_{Na_2CO_3}}{V_{HCl}M_{Na_2CO_3}/1000}$$

式中　$m_{Na_2CO_3}$——碳酸钠质量，g；
　　　V_{HCl}——消耗盐酸的体积，mL；
　　　$M_{Na_2CO_3}$——碳酸钠的摩尔质量，$M(Na_2CO_3)=106g/mol$。

$$\rho_{Na_2CO_3} = \frac{c_{HCl}V_1 M_{Na_2CO_3}}{V_s}$$

$$\rho_{NaHCO_3} = \frac{c_{HCl}(V_2-V_1)M_{NaHCO_3}}{V_s}$$

式中　$\rho_{Na_2CO_3}$——碳酸钠含量，g/L；
　　　ρ_{NaHCO_3}——碳酸氢钠含量，g/L；
　　　c_{HCl}——盐酸浓度，mol/L；
　　　V_1——酚酞作指示剂时消耗盐酸的体积，mL；
　　　V_2——甲基橙作指示剂时消耗盐酸的体积，mL；
　　　$M_{Na_2CO_3}$——碳酸钠的摩尔质量，g/mol；
　　　M_{NaHCO_3}——碳酸氢钠的摩尔质量，g/mol；
　　　V_s——样品体积，mL。

【仪器和试剂】

仪器：分析天平，锥形瓶，滴定管，移液管，容量瓶。
试剂：HCl 标准溶液，0.2％酚酞指示剂，0.2％甲基橙指示剂。

【实验步骤】

1. 0.1mol/L HCl 溶液的标定

用差减法准确称取 0.12～0.14g 无水碳酸钠三份（称样时，称量瓶要带盖），分别放在 250mL 锥形瓶内，加 30mL 水溶解，加甲基橙指示剂 1 滴，然后用盐酸溶液滴定至溶液由黄色变为橙色，即为终点，由碳酸钠的质量及实际消耗的盐酸体积，计算 HCl 溶液的浓度。

2. 混合碱的测定

用移液管移取 10mL 碱液试样于 250mL 锥形瓶中，加入 30mL 水，加 1 滴酚酞指示剂，用 0.1mol/L HCl 标准溶液滴定至颜色刚褪，记为 V_1；再加入甲基橙指示剂 1 滴，然后继续用盐酸溶液滴定至溶液恰变为橙色，即为终点，记录滴定所消耗的 HCl 溶液的体积 V_2，平行做 3 次。计算试样中 $NaHCO_3$ 和 Na_2CO_3 的含量。

【数据记录】

1. HCl 溶液浓度的标定

编号	Ⅰ	Ⅱ	Ⅲ
称取的 Na_2CO_3 的质量/g			

续表

编号	I	II	III
盐酸初读数/mL			
盐酸终读数/mL			
消耗盐酸体积/mL			
盐酸浓度 c_{HCl}/(mol/L)			
$\bar{c}_{HCl(平均)}$/(mol/L)			
单次测定的绝对偏差/(mol/L)			
相对平均偏差			

2. 混合碱中 $NaHCO_3$、Na_2CO_3 含量的测定

编号		I	II	III
移取混合碱样品体积/mL				
酚酞指示剂	盐酸初读数/mL			
	盐酸终读数/mL			
	消耗盐酸体积/mL			
	盐酸用量平均值/mL			
	单次测定消耗盐酸的绝对偏差/mL			
	相对平均偏差/%			
甲基橙指示剂	盐酸初读数/mL			
	盐酸终读数/mL			
	消耗盐酸体积/mL			
	盐酸用量平均值/mL			
	单次测定消耗盐酸的绝对偏差/mL			
	相对平均偏差/%			
混合碱中的 Na_2CO_3 含量/(g/L)				
混合碱中的 $NaHCO_3$ 含量/(g/L)				

【注意事项】

1. 在溶解混合碱试样时一定要用新煮沸的冷蒸馏水，使其充分溶解，然后再移入容量瓶里，最后再用新煮沸的冷蒸馏水稀释至刻度。

2. 如果待测试样为混合碱溶液，则直接用移液管准确吸取试液于锥形瓶中，加入冷蒸馏水，按同法进行测定。

3. 测定速度要慢，接近终点时每加一滴后摇匀，至颜色稳定后再加入第二滴，否则，因为颜色变化太慢，容易过量。

【思考题】

1. 什么叫双指示剂法？
2. 为什么可以用双指示剂法测定混合碱的含量？

实验八　缓冲溶液的配制与性质实验

【实验目的】

1. 学习配制缓冲溶液的一般方法。
2. 加深对缓冲溶液性质的理解。
3. 了解缓冲容量与缓冲剂总浓度和缓冲比的关系。

【实验原理】

缓冲溶液具有抵抗外来少量强酸、强碱和适当稀释而保持 pH 值相对稳定的能力。它一般由弱酸（A）和它的共轭碱（B）两大组分混合而成。它的 pH 值可用下式计算：

$$\text{pH} = \text{p}K_a^{\ominus} + \lg\frac{[\text{B}]}{[\text{A}]} \tag{3-1}$$

式中，$K_a^{\ominus}$ 为弱酸的解离常数；[A]、[B] 分别为共轭酸碱浓度。因此，缓冲溶液的 pH 值除主要取决于 p$K_a^{\ominus}$ 外，还随共轭酸碱的浓度比值而变。若配制缓冲溶液所用的弱酸和它的共轭碱的原始浓度相同，则配制时所取弱酸和它的共轭碱的体积（V）的比值等于它们平衡浓度的比值，所以上式可写成：

$$\text{pH} = \text{p}K_a^{\ominus} + \lg\frac{V_\text{B}}{V_\text{A}} \tag{3-2}$$

这时只要按 B 和 A 两种溶液体积的不同比值配制溶液，就可以得到不同 pH 值的缓冲溶液。

缓冲容量是衡量缓冲能力大小的尺度，它的大小与缓冲溶液中缓冲剂总浓度和缓冲比有关。缓冲比不变时，总浓度越大，缓冲容量越大；总浓度不变时，缓冲比越接近 1∶1，缓冲容量越大。

【仪器和试剂】

仪器：酸度计，大试管，量筒，广泛 pH 试纸，烧杯，吸量管。

试剂：0.1mol/L HAc 溶液，0.1mol/L NaAc 溶液，0.05mol/L NaHCO$_3$ 溶液，0.1mol/L NaOH 溶液，0.1mol/L HCl 溶液，pH=4 的 HCl 溶液，pH=10 的 NaOH 溶液，1mol/L HAc 溶液，1mol/L NaAc 溶液，2mol/L NaOH 溶液，0.05mol/L Na$_2$CO$_3$ 溶液，甲基红指示剂。

【实验步骤】

1. 缓冲溶液的配制

（1）先通过式(3-2)计算，确定配制 30mL pH 值为 4 的缓冲溶液所需两种组分的体积，填入表 3-1。同理配制 pH 值为 10 的缓冲溶液 50mL 分别需要两组分的体积，也填入表 3-1。

用量筒配制 30mL 缓冲液甲液于小烧杯中，然后用广泛 pH 试纸测其 pH 值，填入表 3-1 中。用吸量管分别准确吸取 NaHCO$_3$ 溶液和 NaOH 溶液于 50mL 小烧杯中，配制成乙液，用酸度计准确测其 pH 值填入表 3-1 中。

（2）比较甲、乙缓冲液的实测值

比较甲、乙缓冲液的实测值与给出值是否相符，保留上述缓冲液留待下面实验用。

（3）缓冲溶液的性质实验

取 3 只大试管，按表 3-2 分别加入强酸、强碱和蒸馏水，然后用量筒各加①pH=4 的盐酸 5mL；②甲缓冲液 5mL；③pH=10 的氢氧化钠 5mL；④乙缓冲液 5mL。混合均匀后用广泛 pH 试纸测各管的 pH 值，记录结果填于表 3-2 中，说明原因。

2. 缓冲容量

(1) 缓冲容量与缓冲剂总浓度的关系

取两只大试管，在一只中加入 0.1mol/L HAc 和 0.1mol/L NaAc 各 2.5mL；另一只加 1mol/L HAc 和 1mol/L NaAc 各 2.5mL，混匀。这时两管内溶液的 pH 值是否相同？两试管中各加 2 滴甲基红，溶液呈何色？然后分别逐滴加入 2mol/L NaOH（每加 1 滴均需摇匀），直至溶液颜色恰好变为黄色。记录各管所加 NaOH 滴数填于表 3-3 中，解释所得结果。

(2) 缓冲容量与缓冲组分比值的关系

取两只小烧杯，按表 3-4 所示的量，用滴定管加入 0.05mol/L $NaHCO_3$ 和 0.05mol/L Na_2CO_3，组成 Na_2CO_3-$NaHCO_3$ 缓冲体系，用酸度计测其 pH 值。然后用吸量管在每只烧杯中加入 0.1mol/L NaOH 溶液 2mL，再用酸度计测它们的 pH 值，记录结果于表 3-4 中，解释原因。

【数据记录】

表 3-1 缓冲溶液的配制

缓冲溶液	pH 值	组分	体积/mL	实测 pH 值
甲液(30mL)	4	0.1mol/L HAc 0.1mol/L NaAc		
乙液(50.00mL)	10	0.05mol/L $NaHCO_3$ 0.1mol/L NaOH		

表 3-2 缓冲溶液的性质实验

溶液	0.1mol/L HCl(4 滴)	0.1mol/L NaOH(4 滴)	蒸馏水(6mL)
盐酸(pH=4)			
甲缓冲液(pH=4)			
氢氧化钠(pH=10)			
乙缓冲液(pH=10)			

表 3-3 缓冲容量的测试

缓冲溶液	加指示剂后溶液颜色	溶液恰好变黄需加 NaOH 滴数
0.1mol/L NaAc(2.5mL) 0.1mol/L HAc(2.5mL)		
1mol/L NaAc(2.5mL) 1mol/L HAc(2.5mL)		

表 3-4 缓冲容量与缓冲组分比值的关系

缓冲溶液	体积/mL	[B]/[A]	pH 值	加碱后 pH 值	ΔpH
0.05mol/L Na_2CO_3 0.05mol/L $NaHCO_3$	15.00 15.00				
0.05mol/L Na_2CO_3 0.05mol/L $NaHCO_3$	25.00 5.00				

【思考题】
1. 用亨德森-哈塞尔巴赫方程式计算的 pH 值为何是近似的？应如何校正？
2. 若把本实验步骤缓冲溶液的配制 (3)②中的组分比从 5:1 更改为 1:5，则加入同样量的 NaOH 后，ΔpH 是否相同？

实验九　酸碱解离平衡常数的测定

【实验目的】
1. 学习一元弱电解质解离平衡常数的测定方法。
2. 进一步练习碱式滴定管、移液管等的使用。
3. 学会使用 pH 计。

【实验原理】
乙酸（CH_3COOH，或简写成 HAc）是弱电解质，它在水溶液中仅部分解离，存在下列电离平衡：

$$HAc \rightleftharpoons H^+ + Ac^-$$

起始浓度　　　　　c　　　　　0　　　　　0
平衡浓度　　　$c-[H^+]$　　$[H^+]$　　$[Ac^-]$

$$K_a^\ominus = \frac{[H^+][Ac^-]}{[HAc]} = \frac{[H^+]^2}{c-[H^+]}$$

式中，$K_a^\ominus$ 称为解离平衡常数。所以，通过对已知浓度乙酸 pH 值的测定，就可以求出乙酸的解离平衡常数。为使获得的实验结果较准确，可在一定温度下，测定一系列不同浓度的乙酸溶液的 pH 值，然后将所得一系列相应的 $K_a^\ominus$ 值取平均值。

【仪器和试剂】
仪器：pH 计，250mL 锥形瓶，移液管，吸量管，50mL 容量瓶，50mL 烧杯。
试剂：HAc(AR)，NaOH 标准溶液，酚酞指示剂。

【实验步骤】
1. 配制 0.2mol/L 的 HAc 溶液 300mL
2. 原始醋酸溶液浓度的标定

用移液管吸取三份 25.00mL HAc 溶液，分别置于三个 250mL 锥形瓶中，各加 2~3 滴酚酞指示剂。分别用 NaOH 标准溶液滴定至溶液呈微红色，静置，30s 内不褪色为止。记下用去的 NaOH 溶液的体积，把滴定数据及计算结果填入数据记录表中。

3. 配制不同浓度的醋酸溶液

用移液管和刻度吸量管取 25.00mL、5.00mL 和 2.50mL 已标定过的 0.2mol/L HAc 溶液分别置于三个 50mL 容量瓶中，用蒸馏水稀释至刻度，摇匀，即制得 0.10mol/L、0.02mol/L 和 0.01mol/L HAc 溶液。

4. 测定不同浓度醋酸溶液的 pH 值

取四个干燥洁净的 50mL 烧杯，将 0.2mol/L、0.1mol/L、0.02mol/L 和 0.01mol/L HAc 溶液 25mL 分别置于其中。按照由稀到浓的顺序，分别用 pH 计测定它们的 pH 值，并记录实验温度。将所得数据及计算结果填入数据记录表中。

【数据记录】

1. 醋酸溶液浓度的测定

记录项目	I	II	III
移取醋酸溶液的体积/mL			
NaOH 体积的终读数/mL			
NaOH 体积的初读数/mL			
V_{NaOH}/mL			
c_{NaOH}/(mol/L)			
c_{HAc}/(mol/L)			
$\bar{c}_{HAc}$/(mol/L)			
个别测定的绝对偏差			
相对平均偏差/%			

2. 醋酸离解平衡常数的测定

HAc 溶液编号	c_{HAc}	pH	[H$^+$]	$K_a^{\ominus}$
1				
2				
3				
4				

$K_a^{\ominus}$ 的平均值＝_____，即为_____℃下醋酸的解离平衡常数。

【思考题】

1. 本实验成功的关键是什么？
2. 用 pH 计测量溶液的 pH 值，若不进行"定位"而直接测量行吗？为什么？
3. 用下述实验方法测定 HAc 的解离平衡常数是否可行？

取 25mL HAc 稀溶液，用已知浓度的 NaOH 溶液滴定至终点，然后再加 25mL HAc 溶液，混匀，测其 pH 值，计算 HAc 的解离平衡常数。

实验十 双氧水中 H_2O_2 含量的测定

【实验目的】

1. 掌握应用高锰酸钾法测定过氧化氢含量的原理和方法。
2. 掌握高锰酸钾标准溶液的配制和标定方法。

【实验原理】

高锰酸钾法是用 $KMnO_4$ 为标准溶液进行滴定的氧化还原法。一般在强碱性溶液中进行，常用 H_2SO_4 调节酸度。氧化还原反应式为：

$$MnO_4^- + 8H^+ + 5e^- \xrightleftharpoons Mn^{2+} + 4H_2O$$

MnO_4^- 呈紫红色，被还原后的 Mn^{2+} 在低浓度时几乎无色，因此可利用微过量的 $KMnO_4$ 本身的颜色来指示滴定终点。

$KMnO_4$ 标准溶液不能直接配制，一般先配制近似浓度的溶液，再用基准物质标定。常用的基准物质是 $Na_2C_2O_4$，其反应是：

$$2MnO_4^- + 5C_2O_4^{2-} + 16H^+ = 2Mn^{2+} + 10CO_2\uparrow + 8H_2O$$

$KMnO_4$ 标准溶液的浓度为：

$$c_{KMnO_4} = \frac{2m_{Na_2C_2O_4} \times 1000}{5M_{Na_2C_2O_4} V_{KMnO_4}}$$

式中　c_{KMnO_4}——高锰酸钾的浓度，mol/L；

　　　$m_{Na_2C_2O_4}$——草酸钠的质量，g；

　　　V_{KMnO_4}——单次测定消耗高锰酸钾的体积，mL；

　　　$M_{Na_2C_2O_4}$——草酸钠的摩尔质量，g/mol。

$KMnO_4$ 法测定双氧水中 H_2O_2 的含量，其反应是：

$$2MnO_4^- + 5H_2O_2 + 6H^+ = 2Mn^{2+} + 8H_2O + 5O_2\uparrow$$

双氧水中 H_2O_2 的含量为：

$$\rho_{H_2O_2} = \frac{5c_{KMnO_4} V_{KMnO_4} M_{H_2O_2}}{2V_{样品}} \times 10$$

式中　c_{KMnO_4}——高锰酸钾的平均浓度，mol/L；

　　　V_{KMnO_4}——单次测定消耗的高锰酸钾的体积，mL；

　　　$V_{样品}$——样品体积，mL；

　　　$M_{H_2O_2}$——过氧化氢的摩尔质量，g/mol。

【仪器和试剂】

仪器：玻璃纤维，普通漏斗，烧杯，玻璃棒，电热板，移液管，量筒（10mL、100mL），250mL 锥形瓶，聚四氟乙烯滴定管（50mL）。

试剂：固体 $KMnO_4$（AR），基准 $Na_2C_2O_4$（AR），3mol/L H_2SO_4 溶液，双氧水样品。

【实验步骤】

1. 配制 0.02mol/L $KMnO_4$ 溶液 400mL

称量稍多于计算量的 $KMnO_4$ 溶于适量的水中，加热煮沸 20～30min。充分溶解，冷却后加水稀释至 400mL，静置，再用玻璃纤维过滤除去 MnO_2 等杂质，滤液储存于 500mL 大烧杯中，待标定。

2. $KMnO_4$ 溶液的标定

用分析天平准确称取干燥过的基准 $Na_2C_2O_4$ 0.16～0.22g，置于 250mL 锥形瓶中，加约 10mL 蒸馏水使其溶解，再加 10mL 3mol/L H_2SO_4 溶液，水浴加热至 75～85℃，立即用待标定的 $KMnO_4$ 溶液滴定。开始滴定时反应速率慢，每加一滴 $KMnO_4$ 溶液，都要充分摇匀，使 $KMnO_4$ 颜色褪去后，再继续滴加。待溶液中产生了 Mn^{2+} 后，滴定速度可加快，但临近终点时滴定速度要减慢，同时不断摇动均匀，直到溶液呈微红色并持续 30s 不褪色即为终点，记录滴定所消耗的 $KMnO_4$ 体积。计算 $KMnO_4$ 溶液浓度。

3. H_2O_2 含量的测定

用移液管移取 10mL 双氧水样品（浓度约为 3%），定容至 250mL，后准确移取 25mL 置于 250mL 锥形瓶中，加入 10mL 3mol/L H_2SO_4 溶液，用 $KMnO_4$ 标准溶液滴定至溶液呈现微红色并持续 30s 不褪色即为终点，记录滴定所消耗的 $KMnO_4$ 体积。计算样品中 H_2O_2 的含量（g/L）。

【数据记录】

1. $KMnO_4$ 标准溶液的标定

记录项目	I	II	III
称量瓶+$Na_2C_2O_4$ 的质量(前)/g			
称量瓶+$Na_2C_2O_4$ 的质量(后)/g			
$Na_2C_2O_4$ 的质量			
$KMnO_4$ 体积终读数/mL			
$KMnO_4$ 体积初读数/mL			
V_{KMnO_4}/mL			
c_{KMnO_4}/(mol/L)			
$\bar{c}_{KMnO_4}$/(mol/L)			
个别测定的绝对偏差			
相对平均偏差			

2. H_2O_2 含量测定

记录项目	I	II	III
$KMnO_4$ 体积终读数/mL			
$KMnO_4$ 体积初读数/mL			
V_{KMnO_4}/mL			
$\bar{c}_{KMnO_4}$/(mol/L)			
$\rho_{H_2O_2}$/(g/L)			
$\bar{\rho}_{H_2O_2}$/(g/L)			
个别测定的绝对偏差			
相对平均偏差/%			

【思考题】

1. 用 $KMnO_4$ 法测定 H_2O_2 的含量,为什么要在酸性条件下进行?
2. 能否用 HCl 或 HNO_3 来调节酸度?

实验十一 水样中化学耗氧量的测定

Ⅰ 重铬酸钾法

【实验目的】

1. 掌握重铬酸钾法测定水样中化学耗氧量的原理及方法。
2. 了解测定水样中化学耗氧量的实际意义。

【实验原理】

水样的耗氧量是水质污染程度的主要指标之一,它分为生物耗氧量(简称 BOD)和化学耗氧量(简称 COD)两种。COD 是指在特定条件下,用强氧化剂处理水样时,水样所消耗的氧化剂的量，常用每升水消耗 O_2 的量来表示。

测定化学耗氧量的方法有重铬酸钾法、酸性高锰酸钾法和碱性高锰酸钾法。本实验采用重铬酸钾法，即在强酸性条件下，向水样中加入过量的重铬酸钾，让其与水样中的还原性物质充分反应，剩余的重铬酸钾以试亚铁灵为指示剂，用硫酸亚铁铵标准溶液返滴定。根据消耗的重铬酸钾溶液的体积和浓度，计算水样的化学耗氧量。氯离子干扰测定，可在回流前加硫酸银除去。该法适用于工业污水及生活污水等含有较多复杂污染物的水样的测定。

相关反应式为：

$$2Cr_2O_7^{2-} + 16H^+ + 3C \Longrightarrow 4Cr^{3+} + 3CO_2 \uparrow + 8H_2O$$

$$Cr_2O_7^{2-} + 6Fe^{2+} + 14H^+ \Longrightarrow 2Cr^{3+} + 6Fe^{3+} + 7H_2O$$

水中 COD 的计算

$$COD_{Cr} = \frac{(V_0 - V_1)c \times 8 \times 1000}{V_{水样}} (O_2, mg/L)$$

式中　c——硫酸亚铁铵标准溶液的浓度，mol/L；

　　　V_0——滴定空白时硫酸亚铁铵标准溶液的用量，mL；

　　　V_1——滴定水样时硫酸亚铁铵标准溶液的用量，mL；

　　　V——水样的体积，mL；

　　　8——1/2O 的摩尔质量，g/mol。

【仪器和试剂】

仪器：回流装置 1 套，800W 电炉或其他加热器件，50mL 聚四氟乙烯滴定管。

试剂：$K_2Cr_2O_7$ 标准溶液 [$c_{1/6K_2Cr_2O_7} = 0.2500$mol/L，称取预先在 120℃ 烘干了 2h 的基准级或优级纯重铬酸钾 12.258g 溶于水中，移入 1000mL 容量瓶中，加水稀释至刻度，摇匀]，试亚铁灵指示剂，硫酸亚铁铵标准溶液，H_2SO_4-Ag_2SO_4 溶液。

【实验步骤】

1. 硫酸亚铁铵溶液的标定

准确移取 10.00mL $K_2Cr_2O_7$ 标准溶液置于 500mL 锥形瓶中，加入 100mL 水，30mL 浓 H_2SO_4 溶液（注意应慢慢加入，并随时摇匀），3 滴试亚铁灵指示剂，然后用硫酸亚铁铵溶液滴定，溶液由黄色变为红褐色即为终点，记下硫酸亚铁铵溶液的体积。如此平行测定三份，计算硫酸亚铁铵的浓度。

$$c_{(NH_4)_2Fe(SO_4)_2} = \frac{0.2500 \times 10.00}{V_{(NH_4)_2Fe(SO_4)_2}}$$

式中　$c_{(NH_4)_2Fe(SO_4)_2}$——硫酸亚铁铵标准溶液的浓度，mol/L；

　　　$V_{(NH_4)_2Fe(SO_4)_2}$——硫酸亚铁铵标准滴定溶液的用量，mL。

2. 水样中化学耗氧量的测定

取 20.00mL 水样于 500mL 回流锥形瓶中，准确加入 10.00mL $K_2Cr_2O_7$ 标准溶液及数粒沸石，加入 30mL H_2SO_4-Ag_2SO_4 溶液，轻轻摇动锥形瓶使溶液混合均匀，连接磨口回流冷凝管，加热回流 2h。

冷却后，用 90mL 水冲洗冷凝管壁，取下锥形瓶。此时溶液总体积不得少于 140mL。

溶液再度冷却后，加 3 滴试亚铁灵指示剂，用硫酸亚铁铵标准溶液滴定至溶液呈红褐色即为终点，记下所用硫酸亚铁铵溶液的体积。

以 20.00mL 蒸馏水代替水样进行上述实验，测定空白值。计算水样的化学耗氧量。

【数据记录】

1. 硫酸亚铁铵溶液的标定

记录项目	I	II	III
$K_2Cr_2O_7$ 标准溶液体积/mL			
硫酸亚铁铵溶液体积初读数/mL			
硫酸亚铁铵溶液体积终读数/mL			
$V_{(NH_4)_2Fe(SO_4)_2}$/mL			
$c_{(NH_4)_2Fe(SO_4)_2}$/(mol/L)			
$\bar{c}_{(NH_4)_2Fe(SO_4)_2}$/(mol/L)			
个别测定的绝对偏差			
平均绝对偏差			
相对平均偏差			

2. 水样化学耗氧量的测定

	记录项目	I	II	III
样品测定	水样体积/mL			
	硫酸亚铁铵溶液体积初读数/mL			
	硫酸亚铁铵溶液体积终读数/mL			
	$V_{(NH_4)_2Fe(SO_4)_2}$/mL			
	$\bar{V}_{(NH_4)_2Fe(SO_4)_2}$/mL			
空白实验	蒸馏水体积/mL			
	硫酸亚铁铵溶液体积初读数/mL			
	硫酸亚铁铵溶液体积终读数/mL			
	$V_{(NH_4)_2Fe(SO_4)_2}$/mL			
	$\bar{V}_{(NH_4)_2Fe(SO_4)_2}$/mL			
水样中化学耗氧量/(mg/L)				

【思考题】

1. 回流时加入 H_2SO_4-Ag_2SO_4 溶液的作用是什么？
2. 根据实验内容简述影响水样 COD 测定的因素有哪些？

II 高锰酸钾法

【实验目的】

1. 掌握高锰酸钾法测定水样中化学耗氧量的原理及方法。
2. 了解测定水样中化学耗氧量的实际意义。

【实验原理】

对于污染较严重的水样或工业废水，一般采用重铬酸钾法或库仑法测定 COD，普通水样则用高锰酸钾法。高锰酸钾法测 COD 时，以过量高锰酸钾使还原性物质完全氧化，剩余 $KMnO_4$ 用一定量过量 $Na_2C_2O_4$ 还原，再以 $KMnO_4$ 返滴定 $Na_2C_2O_4$ 的过量部分。相关反应式如下：
$$4MnO_4^- + 5C + 12H^+ = 4Mn^{2+} + 5CO_2 + 6H_2O$$
$$2MnO_4^- + 5C_2O_4^{2-} + 16H^+ = 2Mn^{2+} + 10CO_2 + 8H_2O$$

计算公式：
$$COD_{Mn} = \frac{[c_{KMnO_4}(V_1+V_2) - 5/2(cV)_{Na_2C_2O_4}] \times 8 \times 1000}{V_{水样}} (O_2, mg/L)$$

式中，V_1、V_2 分别表示 $KMnO_4$ 开始加入的体积和滴定过量 $Na_2C_2O_4$ 所用体积；c_{KMnO_4} 与 $c_{Na_2C_2O_4}$ 分别为 $KMnO_4$ 和 $Na_2C_2O_4$ 的物质的量浓度。

【仪器和试剂】

0.01mol/L 高锰酸钾溶液，0.02000mol/L 草酸钠标准溶液，（1+3）硫酸溶液。

【实验步骤】

移取 100mL 水样于锥形瓶中，加 5mL（1+3）硫酸溶液，摇匀。加入 10.00mL 高锰酸钾溶液（V_1），摇匀。立即放入沸水中加热 30min。趁热加入 10.00mL 草酸钠标准溶液（V），摇匀，立即用高锰酸钾溶液滴定至溶液呈红色，记下消耗高锰酸钾溶液的体积（V_2）。重复测定三次。

高锰酸钾溶液的标定：将上述溶液加热至 65～85℃，准确加入 10.00mL 草酸钠标准溶液，再用高锰酸钾溶液滴定至溶液呈红色，记下高锰酸钾溶液消耗的体积。计算高锰酸钾溶液的准确浓度。平行滴定三份。

【数据记录】

	Ⅰ	Ⅱ	Ⅲ
草酸钠浓度/(mol/L)			
滴定体积/mL			
标定体积/mL			
COD			
COD平均值			
相对误差			
平均相对误差			

【思考题】

1. 水样中加入一定量 $KMnO_4$ 溶液并在沸水浴中加热 30min 后，该溶液应当是什么颜色？若溶液无色说明什么问题？应如何处理？
2. 测定水样化学耗氧量的过程中为什么要测定空白值？如何测定？
3. 本实验采用完全敞开的方式加热氧化有机污染物，如果水样中易挥发化合物含量较高时，应如何加热？否则将对测定结果有何影响？

实验十二 漂白液中有效氯含量的测定——间接碘量法

【实验目的】

1. 学习间接碘量法的基本原理及滴定条件。
2. 掌握测定漂白液中有效氯含量的方法。

【实验原理】

漂白液的主要成分是 NaClO，还有其他氧化性、非氧化性杂质。其品质以释放出来的氯量作为标准，称有效氯。利用漂白液在酸性介质中定量氧化 I^-，用 $Na_2S_2O_3$ 标准溶液滴定生成的 I_2 可间接测得有效氯的含量。有关反应如下：

$$ClO^- + 2H^+ + 2I^- = I_2 + Cl^- + H_2O$$

$$ClO_2^- + 4H^+ + 4I^- = 2I_2 + Cl^- + 2H_2O$$

$$ClO_3^- + 6H^+ + 6I^- = 3I_2 + Cl^- + 3H_2O$$

$$2S_2O_3^{2-} + I_2 = S_4O_6^{2-} + 2I^-$$

【仪器和试剂】

仪器：烧杯（100mL、500mL），25mL 移液管，250mL 锥形瓶，量筒（10mL、100mL），容量瓶，天平，试剂瓶，50mL 聚四氟乙烯滴定管，洗耳球。

试剂：3mol/L H_2SO_4 溶液，10% KI 溶液，1% 淀粉溶液，KIO_3（基准），Na_2CO_3（AR），$Na_2S_2O_3 \cdot 5H_2O$（AR），市售漂白液。

【实验步骤】

1. KIO_3 溶液的配制

准确称取 KIO_3 约 0.5g 置于 100mL 小烧杯中，用水溶解后，定量转移至 250mL 容量瓶中定容，摇匀。计算出准确浓度。

2. 0.05mol/L $Na_2S_2O_3$ 溶液的配制和标定

用台秤称取 3.8g $Na_2S_2O_3 \cdot 5H_2O$ 于小烧杯中，加入 300mL 新煮沸并冷却的蒸馏水，溶解后，加入约 0.02g 的 Na_2CO_3，储于棕色试剂瓶中，放置于暗处 5~7 天后标定。

准确移取 25.00mL KIO_3 溶液，置于 250mL 锥形瓶中，加入 5mL 3mol/L H_2SO_4 溶液，10mL 10% KI 溶液，摇匀，待反应完全后，加入 20mL 蒸馏水，用待标定的 $Na_2S_2O_3$ 溶液滴定至淡黄色，然后加入 2mL 淀粉指示剂，继续滴定至溶液呈现无色，即为终点。计算出 $Na_2S_2O_3$ 溶液的浓度。

硫代硫酸钠浓度计算：

$$c_{Na_2S_2O_3} = \frac{6m_{KIO_3} \times \dfrac{25}{250}}{V_{Na_2S_2O_3} \times \dfrac{M_{KIO_3}}{1000}}$$

式中 M_{KIO_3}——KIO_3 的摩尔质量，g/mol；

$V_{Na_2S_2O_3}$——$Na_2S_2O_3$ 溶液的滴定体积用量，mL；

m_{KIO_3}——KIO_3 的质量，g。

3. 有效氯含量的测定

准确移取 25.00mL 漂白液试样于 250mL 容量瓶中定容，然后准确移取 25.00mL 到 250mL 锥形瓶中，加入 6mL 3mol/L 的硫酸溶液和 10mL 10% KI 溶液，加盖摇匀，加 20mL 蒸馏水，立即用 $Na_2S_2O_3$ 溶液滴定至溶液呈淡黄色后，再加入 2mL 淀粉溶液，继续用 $Na_2S_2O_3$ 溶液滴定至溶液蓝色刚好消失，即为终点。平行测定三次，计算样品中有效氯的含量。

有效氯含量计算：

$$\rho_{Cl} = \frac{\frac{1}{2} c_{Na_2S_2O_3} V_{Na_2S_2O_3} \times \frac{M_{Cl}}{1000}}{V_s \times \frac{25}{250}} \times 1000 (g/L)$$

式中　$c_{Na_2S_2O_3}$——$Na_2S_2O_3$ 溶液的浓度，mol/L；

$V_{Na_2S_2O_3}$——$Na_2S_2O_3$ 溶液的滴定体积，mL；

V_s——样品试液的体积，mL；

M_{Cl}——Cl 的摩尔质量，g/mol。

【数据记录】

1. KIO_3 溶液的配制

记录项目	数据
称量瓶＋KIO_3 的质量(前)/g	
称量瓶＋KIO_3 的质量(后)/g	
KIO_3 的质量/g	
V_{KIO_3}/mL	
c_{KIO_3}/(mol/L)	

2. $Na_2S_2O_3$ 溶液的标定

记录项目	I	II	III
KIO_3 溶液体积/mL			
$Na_2S_2O_3$ 体积终读数/mL			
$Na_2S_2O_3$ 体积初读数/mL			
$V_{Na_2S_2O_3}$/mL			
$c_{Na_2S_2O_3}$/(mol/L)			
$\bar{c}_{Na_2S_2O_3}$/(mol/L)			
个别测定的绝对偏差			
相对平均偏差/%			

3. 有效氯含量的测定

记录项目	I	II	III
漂白液试样体积/mL			
$Na_2S_2O_3$ 体积终读数/mL			
$Na_2S_2O_3$ 体积初读数/mL			
$V_{Na_2S_2O_3}$/mL			
有效氯含量/(g/L)			
有效氯含量(平均)/(g/L)			
个别测定的绝对偏差			
相对平均偏差/%			

【思考题】
1. 若采用重铬酸钾法标定硫代硫酸钠，则实验要在碘量瓶中进行，为什么？
2. 当有效氯以 Cl_2 表示时，计算公式应如何表达？

实验十三 碘量法测定铜盐中铜含量

【实验目的】
1. 掌握 $Na_2S_2O_3$ 标准滴定溶液的配制及标定要点。
2. 了解淀粉指示剂的作用原理。
3. 掌握碘量法测定铜的原理与方法。

【实验原理】
在弱酸性溶液中（pH=3~4），Cu^{2+} 与过量的 I^- 作用生成不溶性的 CuI 沉淀并定量析出 I_2：

$$2Cu^{2+} + 5I^- \Longrightarrow 2CuI\downarrow + I_3^-$$

生成的 I_2 用 $Na_2S_2O_3$ 标准溶液滴定，以淀粉为指示剂，滴定至溶液的蓝色刚好消失即为终点。

$$I_3^- + 2S_2O_3^{2-} \Longrightarrow 3I^- + S_4O_6^{2-}$$

由于 CuI 沉淀表面吸附 I_2，故分析结果偏低，为了减少 CuI 沉淀对 I_2 的吸附，可在大部分 I_2 被 $Na_2S_2O_3$ 溶液滴定后，再加入 NH_4SCN，使 CuI 沉淀转化为更难溶的 CuSCN 沉淀。

$$CuI + SCN^- \Longrightarrow CuSCN\downarrow + I^-$$

CuSCN 吸附 I_2 的倾向较小，因而可以提高测定结果的准确度。根据 $Na_2S_2O_3$ 标准溶液的浓度、消耗的体积及试样的质量，计算试样中铜的含量。

【仪器和试剂】
仪器：烧杯，容量瓶，天平，试剂瓶，锥形瓶。
试剂：$Na_2S_2O_3$，KIO_3，HCl(1+1)，淀粉指示剂，KI，KSCN。

【实验步骤】
1. KIO_3 溶液的配制

准确称取 KIO_3 约 0.5g 置于 100mL 小烧杯中，用水溶解后，定量转移至 250mL 容量瓶中定容，摇匀。计算出准确浓度。

2. 0.05mol/L $Na_2S_2O_3$ 溶液的配制和标定

用台秤称取 3.8g $Na_2S_2O_3 \cdot 5H_2O$ 于小烧杯中，加入 300mL 新煮沸并冷却的蒸馏水，溶解后，加入约 0.02g 的 Na_2CO_3，储于棕色试剂瓶中，放置于暗处 5~7 天后标定。

准确移取 25.00mL KIO_3 溶液，置于 250mL 锥形瓶中，加入 5mL 3mol/L H_2SO_4 溶液，10mL 10% KI 溶液，摇匀，待反应完全后，加入 20mL 蒸馏水，用待标定的 $Na_2S_2O_3$ 溶液滴定至淡黄色，然后加入 2mL 淀粉指示剂，继续滴定至溶液呈现无色，即为终点。计算出 $Na_2S_2O_3$ 溶液的浓度。

硫代硫酸钠浓度计算：

$$c_{Na_2S_2O_3} = \frac{6 m_{KIO_3} \times \frac{25}{250}}{V_{Na_2S_2O_3} \times \frac{M_{KIO_3}}{1000}}$$

式中 M_{KIO_3}——KIO_3 的摩尔质量，g/mol；

$V_{Na_2S_2O_3}$——$Na_2S_2O_3$ 溶液的滴定体积，mL；

m_{KIO_3}——KIO_3 的质量，g。

3. $CuSO_4$ 中铜的测定

准确称取 $CuSO_4 \cdot 5H_2O$ 试样 0.5～0.6g 两份，分别置于锥形瓶中，加 1mL 1mol/L H_2SO_4 溶液和少量去离子水使其溶解，加入 100g/L KI 溶液 10mL，立即用 $Na_2S_2O_3$ 标准溶液滴定至浅黄色，然后加入 2mL 淀粉指示剂，继续滴至浅蓝色。再加 100g/L KSCN 10mL，摇匀后，溶液的蓝色加深，再继续用 $Na_2S_2O_3$ 标准溶液滴定至蓝色刚好消失为终点。

【数据记录】

1. KIO_3 溶液的配制

记录项目	数据
称量瓶＋KIO_3 的质量(前)/g	
称量瓶＋KIO_3 的质量(后)/g	
KIO_3 的质量/g	
V_{KIO_3}/mL	
c_{KIO_3}/(mol/L)	

2. $Na_2S_2O_3$ 溶液的标定

记录项目	I	II	III
KIO_3 溶液体积/mL			
$Na_2S_2O_3$ 体积终读数/mL			
$Na_2S_2O_3$ 体积初读数/mL			
$V_{Na_2S_2O_3}$/mL			
$c_{Na_2S_2O_3}$/(mol/L)			
$\bar{c}_{Na_2S_2O_3}$/(mol/L)			
个别测定的绝对偏差			
相对平均偏差/%			

3. 铜盐中铜的测定

记录项目	I	II	III
试样质量/g			
$Na_2S_2O_3$ 体积终读数/mL			
$Na_2S_2O_3$ 体积初读数/mL			
$V_{Na_2S_2O_3}$/mL			

记录项目	Ⅰ	Ⅱ	Ⅲ
$\bar{c}_{Na_2S_2O_3}$/(mol/L)			
w_{Cu}/%			
$\bar{w}_{Cu}$/%			
个别测定的绝对偏差			
相对平均偏差/%			

【思考题】

1. 本实验加入 KI 的作用是什么？
2. 本实验为什么要加入 NH_4SCN？为什么不能过早地加入？

实验十四　自来水总硬度的测定（配位滴定法）

【实验目的】

1. 了解 EDTA 标准溶液的配制和标定原理及方法。
2. 学习掌握配位滴定法的原理及其应用。
3. 了解水的硬度测定的意义和常用的硬度表示方法。
4. 掌握铬黑 T 的应用。

【实验原理】

水硬度分为水的总硬度和钙-镁硬度两种，一种是测定 Ca、Mg 总量，另一种是分别测定 Ca、Mg 含量。

测定水的总硬度，一般采用配位滴定法，即在 pH＝10 的氨性溶液中，以铬黑 T 作为指示剂，用 EDTA 标准溶液直接滴定水中的 Ca^{2+}、Mg^{2+}，铬黑 T 和 EDTA 都能和 Ca^{2+}、Mg^{2+} 形成配合物，直至溶液由紫红色经紫蓝色转变为蓝色，即为终点。反应如下：

滴定前：　　　　　EBT ＋ Me(Ca^{2+}、Mg^{2+}) ══ Me-EBT
　　　　　　　　　（蓝色）　　　　　　　　　　　（紫红色）

滴定开始至化学计量点前：H_2Y^{2-} ＋Ca^{2+} ══ CaY^{2-} ＋$2H^+$
　　　　　　　　　　　　H_2Y^{2-} ＋Mg^{2+} ══ MgY^{2-} ＋$2H^+$

化学计量点时：　　H_2Y^{2-} ＋Mg-EBT ══ MgY^{2-} ＋EBT＋$2H^+$
　　　　　　　　　　　　（紫蓝色）　　　　　　　（蓝色）

滴定时，Fe^{3+}、Al^{3+} 等干扰离子用三乙醇胺掩蔽，Cu^{2+}、Pb^{2+}、Zn^{2+} 等重金属离子可用 KCN、Na_2S 或巯基乙酸掩蔽。

各国水硬度的表示方法不同。以碳酸钙计（mg/L）表示的 Ca、Mg 总硬度计算公式为：

$$\rho_{CaCO_3} = \frac{c_{EDTA} V_{EDTA} M_{CaCO_3}}{V_s} \times 1000$$

式中　c_{EDTA}——EDTA 的平均浓度，mol/L；

　　　V_{EDTA}——测定消耗 EDTA 的体积，mL；

　　　M_{CaCO_3}——碳酸钙的摩尔质量，g/mol；

　　　V_s——移取的水样体积，mL。

【仪器和试剂】

仪器：聚四氟乙烯滴定管（50mL），移液管（25mL，50mL），锥形瓶（250mL），烧杯，量筒（10mL，100mL），250mL容量瓶，表面皿，天平。

试剂：乙二胺四乙酸二钠盐（AR），NH_3-NH_4Cl缓冲溶液（pH≈10），铬黑T，$CaCO_3$（基准），$MgCl_2·6H_2O$溶液，HCl溶液（1+1），三乙醇胺（200g/L）。

【实验步骤】

1. $CaCO_3$标准溶液的配制（约0.01mol/L）

用差减法准确称取0.2~0.3g基准$CaCO_3$于100mL烧杯中，先以少量水润湿，盖上表面皿，从烧杯嘴处往烧杯中滴加约5mL（1+1）HCl溶液，使$CaCO_3$全部溶解，用水冲洗烧杯内壁和表面皿，将溶液定量转移至250mL容量瓶中，定容，摇匀。计算其准确浓度。

2. EDTA溶液（0.01mol/L）的配制及标定

用台秤称取1.2g EDTA二钠盐于烧杯中，加100mL水，微微加热并搅拌使其完全溶解，再滴加$MgCl_2·6H_2O$溶液1~2滴，恢复到室温后稀释至300mL，摇匀待标定。

用移液管吸取25.00mL $CaCO_3$标准溶液于250mL锥形瓶中，然后加入5mL NH_3-NH_4Cl缓冲溶液，再加少许铬黑T指示剂，立即用EDTA溶液滴定，当溶液由紫红色转变为纯蓝色即为终点。平行测定3次，记下所用EDTA溶液的体积，计算EDTA溶液的准确浓度，取平均值。

3. 自来水总硬度的测定

用移液管移取50.00mL自来水于250mL锥形瓶中，加入3mL三乙醇胺溶液、5mL NH_3-NH_4Cl缓冲溶液，再加入少许铬黑T指示剂，立即用EDTA溶液滴定，当溶液由紫红色变为纯蓝色即为终点。平行测定3份，记下所用EDTA溶液的体积，计算水样的总硬度。

【数据记录】

1. 碳酸钙浓度计算

记录项目	数据
称量瓶＋碳酸钙的质量(称量前)/g	
称量瓶＋碳酸钙的质量(称量后)/g	
碳酸钙质量 m_{CaCO_3}/g	
碳酸钙溶液体积 V/mL	
碳酸钙溶液浓度 c_{CaCO_3}/(mol/L)	

2. EDTA的标定

记录项目	I	II	III
移取碳酸钙溶液体积/mL			
EDTA溶液终读数/mL			
EDTA溶液初读数/mL			
EDTA溶液体积/mL			

续表

记录项目	I	II	III
EDTA 溶液浓度 c_{EDTA}/(mol/L)			
EDTA 溶液浓度平均值 $\bar{c}_{EDTA}$/(mol/L)			
单次测定的绝对偏差			
相对平均偏差/%			

3. 水样总硬度的测定

记录项目	I	II	III
移取水样的体积/mL			
EDTA 溶液终读数/mL			
EDTA 溶液初读数/mL			
EDTA 溶液体积/mL			
水样总硬度 ρ/(mg/L)			
水样总硬度平均值 $\bar{\rho}$/(mg/L)			
单次测定的绝对偏差			
相对平均偏差/%			

【注意事项】

1. EDTA 标准溶液配制时应加入少量的镁盐，以提高终点变色的敏锐性。
2. 三乙醇胺必须在 pH<4 时加入，然后调节 pH 至滴定酸度。
3. 若有 CO_2 或 CO_3^{2-} 存在会和 Ca^{2+} 结合生成 $CaCO_3$ 沉淀，使终点拖后，变色不敏锐。故应在滴定前将溶液酸化并煮沸以除去 CO_2。但 HCl 不宜多加，以免影响滴定时溶液的 pH。

【思考题】

1. 配位滴定与酸碱滴定相比有哪些不同点？操作中应注意哪些问题？
2. 如果用自来水配制 EDTA 溶液，对测定结果有何影响？

实验十五 自来水中氯含量的测定（莫尔法）

【实验目的】

1. 掌握莫尔法测定氯离子的方法原理。
2. 掌握铬酸钾指示剂的正确使用。
3. 学习 $AgNO_3$ 标准溶液的配制与标定的原理和方法。

【实验原理】

中性或弱碱性溶液（pH=6.5～10.5）中，以 K_2CrO_4 为指示剂，用 $AgNO_3$ 标准溶液直接滴定待测试液中的 Cl^-（终点颜色为砖红色）：

$$Ag^+ + Cl^- \Longrightarrow AgCl\downarrow（白色），2Ag^+ + CrO_4^{2-} \Longrightarrow Ag_2CrO_4\downarrow（砖红色）$$

由于 AgCl 的溶解度比 Ag_2CrO_4 小，因此溶液中首先析出 AgCl 沉淀，当 AgCl 定量析出后，微过量的 $AgNO_3$ 溶液即与 CrO_4^{2-} 生成砖红色 Ag_2CrO_4 沉淀指示终点到达。

【仪器和试剂】

仪器：聚四氟乙烯滴定管，锥形瓶，洗瓶，容量瓶，吸移管，洗耳球，烧杯，试剂瓶，分析天平，称量瓶。

试剂：NaCl 基准试剂，0.01mol/L $AgNO_3$，5% K_2CrO_4 的溶液。

【实验步骤】

1. 0.005mol/L $AgNO_3$ 溶液的配制与标定

用分析天平称约 0.22g 的 $AgNO_3$ 溶于适量不含 Cl^- 的蒸馏水中，待完全溶解后稀释至 250mL（于大烧杯中），摇匀，待标定。

准确称取 0.15g 基准 NaCl 置于小烧杯中，用蒸馏水溶解后，转入 250mL 容量瓶中，加水稀释至刻度，摇匀。

准确移取 10.00mL NaCl 标准溶液注入 250mL 锥形瓶中，加 5mL 水，加入 5～10 滴 5% K_2CrO_4，在不断摇动下，用 $AgNO_3$ 标准溶液滴定至呈现砖红色即为终点（慢滴，剧烈摇动，因 Ag_2CrO_4 不能迅速转为 AgCl），平行测定三次。计算 $AgNO_3$ 的浓度，取平均值。

2. 自来水中氯含量的测定

准确移取 25.00mL 自来水置于锥形瓶中，加入 5～10 滴 5% K_2CrO_4，在不断摇动下，用 $AgNO_3$ 溶液滴定至呈现砖红色即为终点（非常缓慢地滴定，剧烈摇动），平行测定三次。

计算自来水中 Cl^- 的含量：

$$\rho_{Cl} = \frac{c_{AgNO_3} V_{AgNO_3} M_{Cl}}{V_s} \times 1000$$

式中 c_{AgNO_3}——硝酸银溶液的浓度，mol/L；

V_{AgNO_3}——硝酸银溶液消耗的体积，mL；

M_{Cl}——氯原子的摩尔质量，g/mol；

V_s——移取自来水的体积，mL；

ρ_{Cl}——自来水中氯的含量，mg/L。

【数据记录】

1. NaCl 标准溶液的浓度

记录项目	数据
NaCl＋称量瓶的质量(称量前)/g	
NaCl＋称量瓶的质量(称量后)/g	
NaCl 的质量 m_{NaCl}/g	
NaCl 溶液的体积 V_{NaCl}/mL	
NaCl 溶液的浓度 c_{NaCl}/(mol/L)	

2. 硝酸银溶液的标定

记录项目	I	II	III
移取氯化钠溶液的体积/mL			
硝酸银体积终读数/mL			

续表

记录项目	I	II	III
硝酸银体积初读数/mL			
V_{AgNO_3}/mL			
c_{AgNO_3}/(mol/L)			
$\bar{c}_{AgNO_3}$/(mol/L)			
单次测定的绝对偏差			
相对平均偏差/%			

3. 自来水中氯含量的计算

记录项目	I	II	III
移取自来水的体积/mL			
硝酸银体积终读数/mL			
硝酸银体积初读数/mL			
V_{AgNO_3}/mL			
ρ_{Cl}/(g/L)			
$\bar{\rho}_{Cl}$/(g/L)			
单次测定的绝对偏差			
相对平均偏差/%			

【注意事项】

1. 滴定应在中性或弱碱性溶液中进行（pH=6.5～10.5），一般 K_2CrO_4 溶液用量以 5～10 滴为宜（用量大，终点提前；用量小，终点拖后）。

2. 沉淀滴定一般在稀溶液中进行，以减少吸附。

3. 凡是能与 Ag^+ 生成难溶化合物（或配合物）的阴离子都会产生干扰，如 AsO_4^{3-}、AsO_3^{3-}、S^{2-}、CO_3^{2-}、SO_3^{2-}、$C_2O_4^{2-}$ 等，其中 SO_3^{2-} 氧化成 SO_4^{2-} 后不再干扰测定。

4. 大量 Cu^{2+}、Ni^{2+}、Co^{2+} 等有色离子将影响终点的观察。

5. 凡是能与 CrO_4^{2-} 指示剂生成难溶化合物的阳离子都会产生干扰，如 Ba^{2+}、Pb^{2+} 能与 CrO_4^{2-} 分别生成 $BaCrO_4$ 和 $PbCrO_4$ 沉淀。Ba^{2+} 的干扰可加入过量 Na_2SO_4 消除。

6. Al^{3+}、Fe^{3+}、Bi^{3+}、Sn^{3+} 等高价金属离子在中性或弱碱性溶液中易水解产生沉淀，也不应存在。

7. 滴定时应剧烈摇动，使被 AgCl 沉淀吸附的 Cl^- 及时释放出来，防止终点提前。

8. 实验结束后滴定管应及时清洗：先用蒸馏水冲洗 2～3 次，再用自来水冲洗，以免产生 AgCl 沉淀，难以洗净。

【思考题】

1. 配制好的 $AgNO_3$ 溶液要储于棕色瓶中，并置于暗处，为什么？

2. 做空白测定有何意义？K_2CrO_4 溶液的用量对测定结果有何影响？

3. 能否用莫尔法以 NaCl 标准溶液直接滴定 Ag^+？为什么？

4. 莫尔法测氯时，为什么溶液的 pH 值须控制在 6.5～10.5？

实验十六　生理盐水中 NaCl 含量的测定（银量法）

【实验目的】
1. 学习沉淀滴定法测定生理盐水中 NaCl 含量的方法。
2. 掌握沉淀滴定的基本操作。

【实验原理】
生理盐水中 NaCl 的定量测定，最常用的方法是银量法。该法是在中性或弱碱性介质（pH＝6.5～10.5）中，以 K_2CrO_4 为指示剂，用 $AgNO_3$ 标准溶液直接滴定 Cl^-，由于 AgCl 的溶解度小于 Ag_2CrO_4 的溶解度，所以在滴定过程中 AgCl 先沉淀出来，当 AgCl 定量沉淀后，微过量的 Ag^+ 与 CrO_4^{2-} 生成砖红色的 Ag_2CrO_4 沉淀，指示滴定终点。反应如下：

$$Ag^+ + Cl^- =\!=\!= AgCl\downarrow（白色）$$

$$2Ag^+ + CrO_4^{2-} =\!=\!= Ag_2CrO_4\downarrow（砖红色）$$

$AgNO_3$ 浓度计算公式：

$$c_{AgNO_3} = \frac{m_{NaCl}}{M_{NaCl}V_{AgNO_3}\times 10^{-3}}$$

NaCl 含量计算公式：

$$\rho_{NaCl} = \frac{c_{AgNO_3}V_{AgNO_3}M_{NaCl}\times 10^{-3}}{V_{样}}\times 100 (g/100mL)$$

式中　c_{AgNO_3} ——$AgNO_3$ 的摩尔浓度，mol/L；
　　　V_{AgNO_3} ——$AgNO_3$ 消耗的体积，mL；
　　　M_{NaCl} ——NaCl 的摩尔质量，g/mol；
　　　$V_{样}$ ——样品的体积，mL。

【仪器和试剂】
仪器：电子天平（0.0001g），台秤，酸式滴定管（50mL），移液管（10mL、25mL），250mL 锥形瓶，250mL 容量瓶，500mL 烧杯，500mL 棕色试剂瓶，量筒（10mL、50mL）。
试剂：HCl(1∶1)，$AgNO_3$(AR)，NaCl 基准试剂，5% K_2CrO_4。

【实验步骤】
1. 0.05mol/L $AgNO_3$ 溶液的配制

在台秤上称取 2.1g 固体 $AgNO_3$，溶于 250mL 不含 Cl^- 的水中，将溶液转入棕色细口瓶中，置暗处保存，以减缓见光分解作用。

2. 0.05mol/L $AgNO_3$ 溶液的标定

准确称取 0.15～0.2g NaCl 基准试剂于三个 250mL 锥形瓶中，加 25mL 水、1mL 5% K_2CrO_4 溶液，在不断摇动下用 $AgNO_3$ 溶液滴定至白色沉淀中出现砖红色即为终点，计算 $AgNO_3$ 溶液的准确浓度。

3. 生理盐水中 NaCl 含量的测定

用移液管准确移取 10.00mL 的生理盐水样品于 250mL 锥形瓶中，加入 25mL 水，1mL 5% K_2CrO_4 溶液，在不断摇动下用 $AgNO_3$ 溶液滴定至白色沉淀中出现砖红色即为终点，平行测定三次，计算 NaCl 的含量。

【数据记录】

1. 0.05mol/L $AgNO_3$ 溶液的标定

记录项目	I	II	III
称量瓶＋NaCl 的质量(前)/g			
称量瓶＋NaCl 的质量(后)/g			
NaCl 的质量/g			
$AgNO_3$ 体积初读数/mL			
$AgNO_3$ 体积终读数/mL			
V_{AgNO_3}/mL			
c_{AgNO_3}/(mol/L)			
$\bar{c}_{AgNO_3}$/(mol/L)			
单次测定的绝对偏差			
相对平均偏差/%			

2. 生理盐水中 NaCl 含量的测定

记录项目	I	II	III
$AgNO_3$ 体积初读数/mL			
$AgNO_3$ 体积终读数/mL			
V_{AgNO_3}/mL			
$V_{样}$/mL			
ρ_{NaCl}/(g/100mL)			
$\bar{\rho}_{NaCl}$/(g/100mL)			

【思考题】

1. $AgNO_3$ 溶液应装在酸式滴定管还是碱式滴定管内？为什么？
2. 滴定中对指示剂的量是否要加以控制？为什么？
3. 滴定中试液的酸度宜控制在什么范围？为什么？怎样调节？有 NH_4^+ 存在时，在酸度控制上为何有所不同？
4. 滴定过程中要求充分摇动锥形瓶的原因是什么？

实验十七 重量法测定钡盐中钡的含量

I 经典法

【实验目的】

1. 了解晶形沉淀的条件和沉淀方法。
2. 练习沉淀的过滤、洗涤和灼烧的操作技术。
3. 测定氯化钡中钡的含量，并用换算因数计算测定结果。

【实验原理】

Ba^{2+} 能生成一系列的微溶化合物，如 $BaCO_3$、$BaCrO_4$、BaC_2O_4、$BaHPO_4$、$BaSO_4$ 等，其中以 $BaSO_4$ 的溶解度最小（25℃时为 0.25mg/100mL H_2O），$BaSO_4$ 性质非常稳定，

组成与化学式相符合，因此常以 $BaSO_4$ 重量法测 Ba。虽然 $BaSO_4$ 的溶解度较小，但还不能满足重量法对沉淀溶解度的要求，必须加入过量的沉淀剂以降低 $BaSO_4$ 的溶解度。H_2SO_4 在灼烧时能挥发，是沉淀离子的理想沉淀剂，使用时可过量 50%～100%，$BaSO_4$ 沉淀初生成时，一般形成细小的晶体，过滤时易穿过滤纸，为了得到纯净而颗粒较大的晶体沉淀，应当在热的酸性稀溶液中，在不断搅拌下逐滴加入热的稀 H_2SO_4。反应介质一般为 0.05mol/L 的 HCl 溶液，加热温度以近沸较好。在酸性条件下沉淀 $BaSO_4$ 还能防止 $BaCO_3$、$BaHPO_4$、BaC_2O_4、$BaCrO_4$ 等沉淀。将所得的 $BaSO_4$ 沉淀经过陈化、过滤、洗涤、灼烧，最后称量，即可求得试样中 Ba^{2+} 的含量。

【仪器和试剂】

仪器：煤气灯，泥三角，高温炉，瓷坩埚（5个/人），致密定量滤纸（6张/人），长颈漏斗（5个/人），烧杯，表面皿，玻璃棒，漏斗架（5孔），淀帚。

试剂：2mol/L HCl，1mol/L H_2SO_4，0.1mol/L $AgNO_3$，$BaCl_2·2H_2O$。

【实验步骤】

1. 空坩埚恒重

洗净两只瓷坩埚，在 800～850℃ 的煤气灯火焰下（或在高温炉中）灼烧，第一次灼烧 30min，取出稍冷片刻，放入干燥器冷却至室温（约 30min），称重。第二次灼烧 15～20min，冷至室温，再称重，如此操作直到两次称量不超过 0.3mg，即已恒重。

2. 测定

准确称取 0.4～0.6g $BaCl_2·2H_2O$ 试样两份，分别置于 250mL 烧杯中，加入 2～3mL 2mol/L 盐酸，盖上表面皿，加热近沸，但勿使溶液沸腾，以防溅失。与此同时，再取 1mol/L H_2SO_4 3～4mL 两份，分别置于两只 100mL 小烧杯中，各加水稀释至 30mL，加热近沸，然后将两份热的 H_2SO_4 溶液用滴管逐滴分别滴入两份热的钡盐溶液中，并用玻璃棒不断搅拌，搅拌时，玻璃棒不要碰烧杯底内壁以免划损烧杯，使沉淀黏附在烧杯壁上难于洗下。沉淀完毕，待溶液澄清后，于上层清液中加入稀 H_2SO_4 1～2滴，以检查其沉淀是否完全。如果上清液中有浑浊出现，必须再加入 H_2SO_4 溶液，直至沉淀完全为止。盖上表面皿，将玻璃棒靠在烧杯嘴边（切勿将玻璃棒拿出杯外，为什么）置于水浴上加热，陈化 1～0.5h，并不时搅拌（也可在室温下放置过夜进行陈化）。溶液冷却后（为什么？）用慢速定量滤纸过滤（为什么？），先将上层清液倾注在滤纸上，再以稀 H_2SO_4 洗涤液（自配 0.01mol/L 的稀 H_2SO_4 200mL）用倾泻法洗涤沉淀 3～4次，每次约 10mL。然后将沉淀小心转移到滤纸上，并用一小片滤纸擦净杯壁，将滤纸片放在漏斗内的滤纸上，再用水洗涤沉淀至无氯离子为止（用 $AgNO_3$ 溶液检查）。将盛有沉淀的滤纸折成小包，放入已恒重的坩埚中，在煤气灯上烘干和炭化后，继续在 800～850℃ 高温中（或在高温炉中）灼烧 1h。取出置于干燥器内冷却至室温，称量，第二次灼烧 15～20min，冷却，称量，如此操作直至恒重。

【数据记录】

称量方法	坩埚1质量/g	坩埚2质量/g	坩埚3质量/g	坩埚4质量/g
空1次恒重				
空2次恒重				
1次恒重				
1次恒重				
样重				

【注意事项】

1. 使用过的坩埚清洗时可用每升含 5g EDTA 二钠盐和 25mL 乙醇胺的水溶液将坩埚浸泡一夜，然后将坩埚在抽吸情况下用水充分洗涤。

2. 用少量无灰滤纸的纸浆与硫酸钡混合，能改善过滤并防止沉淀产生蠕升现象，纸浆与过滤硫酸钡的滤纸可一起灰化。

3. 将 $BaSO_4$ 沉淀陈化好，并定量转移是至关重要的，否则结果会偏低。

4. 当采用灼烧法时，硫酸钡沉淀的灰化应保证空气供应充分，否则沉淀易被滤纸烧成的炭还原（$BaSO_4 + 4C \longrightarrow BaS + 4CO \uparrow$），灼烧后的沉淀将会呈灰色或黑色。这时可在冷却后的沉淀中加入 2~3 滴浓硫酸，然后小心加热至不再产生 SO_3 白烟为止，再在 800℃ 灼烧至恒重。

【思考题】

1. $BaCl_2 \cdot 2H_2O$ 试样称取 0.4~0.6g 是怎样计算出来的？
2. 为什么要在一定酸度的盐酸介质中进行 $BaSO_4$ 沉淀？
3. 为什么试液和沉淀剂都要预先稀释，而且试液要预先加热？
4. 如何检查沉淀是否完全？
5. 沉淀完毕后，为什么要保温放置一段时间才能进行过滤？
6. 以 H_2SO_4 为沉淀剂沉淀离子时，可以过量多少？为什么？
7. 为什么要用无灰、紧密滤纸过滤 $BaSO_4$ 沉淀？
8. 如何检查 $BaSO_4$ 沉淀已经洗净？倾泻法过滤和洗涤沉淀有何优点？
9. 烘干和灰化滤纸时，应注意些什么？

Ⅱ 微波法

【实验目的】

1. 了解测定 $BaCl_2 \cdot 2H_2O$ 中钡含量的原理和方法。
2. 掌握晶形沉淀的制备方法及重量分析的基本操作技术，建立恒重概念。
3. 了解微波技术在样品干燥方面的应用。

【实验原理】

在重量分析法中，为了使获得的产品（如 $BaSO_4$）转化为一定的"称量形式"，在称量前必须干燥除水，以保证测定的准确度和精密度。微波法实验原理（即沉淀操作的条件）与传统的灼烧法相同，不同之处在于本实验使用微波炉干燥 $BaSO_4$ 沉淀。

传统的 $BaSO_4$ 重量法采用高温［煤气灯（800±20)℃］灼烧恒重，由外到内热传导，升温慢，且容器也需长时间冷却（30min），操作烦琐，耗能多，耗时长。微波的"体加热作用"可在不同深度同时产生热，分子通过对微波能的吸收和微波炉内交变磁场的作用，快速升温与冷却，加热均匀，既可节省实验时间，节省能源，又可改善加热质量，对于稳定的 $BaSO_4$ 晶形沉淀来说，是一种非常好的恒重方法。

由于微波干燥的时间短，所选用的微波炉功率低，在使用微波法干燥 $BaSO_4$ 沉淀时，包藏在 $BaSO_4$ 沉淀中的高沸点的杂质如 H_2SO_4 等不易在干燥过程中被分解或挥发而除去，所以对沉淀条件和沉淀洗涤操作要求更加严格。沉淀时应将试液进一步稀释，并且使过量的沉淀剂控制在 20%~50% 之间，沉淀剂的滴加速度要缓慢，尽可能减少包藏在沉淀中的杂质。

【仪器和试剂】

仪器：家用微波炉，干燥器，分析天平，表面皿，烧杯，玻璃棒，电子天平，G_4 玻璃坩埚，减压过滤装置等。

试剂：2mol/L HCl，1mol/L H_2SO_4，2mol/L HNO_3，钡盐试样 0.1mol/L $AgNO_3$ 水溶液。

【实验步骤】

1. 空玻璃坩埚的准备和恒重

用水洗净两个玻璃坩埚，编号，然后分别使用 2mol/L HCl、蒸馏水减压过滤，至无水汽后再抽滤 2min，以除掉玻璃砂板微孔中的水分，便于干燥。先用滤纸吸去坩埚外壁上的水珠，然后将玻璃坩埚放入微波炉中，用高功率加热干燥，第一次 6min，取出，稍冷，将玻璃坩埚移入干燥器中，留一小缝，半分钟后盖严冷却 12～15min 至室温，在分析天平中快速称量；第二次加热 3min，冷至室温，再称量，直至恒重（前后两次质量之差 ≤ 0.4mg），否则再干燥 3min，冷至、称量，直至恒重。

2. 试样的称取、溶解与沉淀的制备

在天平上准确称取 0.4～0.5g 钡盐试样两份，分别置于 250mL 烧杯中，各加入 150mL 水，搅拌溶解，加入 3mL 2mol/L HCl 溶液，盖上表面皿，加热至近沸。

取 4～5mL 1mol/L H_2SO_4 溶液两份，分别置于小烧杯中，加入约 30mL 水，加热至近沸，在连续搅拌下，趁热将 H_2SO_4 溶液逐滴滴入热的试样溶液中，沉淀剂滴完后（在烧杯中留几滴沉淀剂，待用），待 $BaSO_4$ 沉降完全，沿烧杯内壁向上层清液中加入 1～2 滴稀 H_2SO_4 溶液（沉淀剂），仔细观察是否已沉淀完全。若清液出现浑浊，说明沉淀剂不够，应再加入直至沉淀完全。盖上表面皿（不要取出玻璃棒），将沉淀在室温下放置过夜，陈化，或在蒸汽浴上加热陈化 1h，其间要每隔几分钟搅动一次，取出烧杯，冷却至室温后便可抽滤。

准备洗涤液，即取 2mL 1mol/L H_2SO_4 溶液稀释至 200mL。

3. 称量形式（$BaSO_4$）的获得

用倾泻法在已恒重的玻璃坩埚中进行减压过滤，小心地把沉淀上层清液滤完后，用事先准备好的洗涤液将烧杯中的沉淀洗涤 3 次，每次用约 10～15mL，再用水洗一次。然后将沉淀转移到玻璃坩埚中，并用玻璃棒"擦""活"黏附在杯壁上的沉淀，再用水冲洗烧杯和玻璃棒直至沉淀转移完全。最后用水淋洗沉淀及坩埚内壁数次（6 次以上）至洗涤液无 Cl^- 时为止，方法为先将减压装置开关调小，再用小试管小心收集滤液约 2mL，加入 1 滴 2mol/L HNO_3 和 2 滴 $AgNO_3$ 溶液，不呈混浊。将减压过滤装置开关调大，继续减压过滤 4min 以上至不再产生水雾。

用滤纸吸去坩埚外壁的水珠，放入微波炉中，用高功率加热干燥，第一次 10min，在干燥器中冷至室温，称量；第二次加热干燥 4min，冷至室温，再称量，直至恒重。

根据 $BaSO_4$ 的质量，计算钡盐试样中钡的质量分数 $w_{Ba}(\%)$。

做完实验，请分别使用稀 H_2SO_4 和水将玻璃坩埚洗净。

【数据处理】

请自行绘制表格进行整理。

【注意事项】

1. 干、湿坩埚不可在同一微波炉内加热，因炉内水分不挥发，加热恒重的时间很短，湿度的影响过大。并且，本实验中，可考虑先用滤纸吸去坩埚外壁的水珠，再放入微波炉中加热，以减少加热的时间。

2. 干燥好的玻璃坩埚稍冷后放入干燥器，先要留一小缝，半分钟后盖严，用分析天平称量，必须在干燥器中自然冷却至室温后方可进行其他操作。

3. 由于传统的灼烧沉淀可除掉包藏的 H_2SO_4 等高沸点杂质，而用微波干燥时它们不能分解或挥发掉，故应严格控制沉淀条件与操作规范。应把含 Ba^{2+} 的试液进一步稀释，沉淀剂 H_2SO_4 过量控制在 20%～50%，滴加 H_2SO_4 的速度应缓慢，且充分搅拌，可减少 H_2SO_4 及其他杂质被包裹的量，以保证实验结果的准确度。

4. 坩埚使用前用稀 HCl 抽滤，不用稀 HNO_3，防止 NO_3^- 成为抗衡离子。本实验中，使用后的坩埚可及时用稀 H_2SO_4 洗净，不必用热的浓 H_2SO_4。

第二节 综合性实验

实验十八 胃舒平中 Al_2O_3 和 MgO 含量的测定

【实验目的】
1. 了解成品药剂中组分含量测定的前处理方法。
2. 掌握配位滴定中的返滴定法测定铝的方法。
3. 掌握沉淀分离的操作方法。

【实验原理】
"胃舒平"药片的主要成分为氢氧化铝、三硅酸镁及少量中药颠茄液浸膏，此外药片成型时还加入了糊精等辅料，药片中铝和镁的含量可用配位滴定法测定，其他成分不干扰测定。测定原理是先将样品溶解，分离弃去水的不溶物质，然后取一份试液定量加入过量的 EDTA 溶液，调节 pH=4，加热煮沸，使 Al^{3+} 与 EDTA 完全反应。冷却后再调节 pH=5.5 左右，以二甲酚橙为指示剂，用 Zn 的标准溶液返滴定过量 EDTA 而测出 Al 的含量。

$$Al^{3+} + H_2Y^{2-} \Longrightarrow AlY^- + 2H^+$$

再另取一份溶液，使 Al 生成 $Al(OH)_3$ 沉淀分离后，再调节 pH=10，以铬黑 T 作为指示剂，用 EDTA 标准溶液滴定滤液中 Mg 的含量。

$$Mg^{2+} + H_2Y^{2-} \Longrightarrow MgY^{2-} + 2H^+$$

【仪器和试剂】
仪器：聚四氟乙烯滴定管（50mL），移液管（10mL、25mL），烧杯，表面皿，试剂瓶，锥形瓶，抽滤装置，250mL 容量瓶。

试剂：六亚甲基四胺溶液 20%，HCl 溶液（1:1），三乙醇胺溶液（1:2），氨水溶液（1:1），NH_4Cl 固体（AR），甲基红指示剂，二甲酚橙指示剂 0.2%，铬黑 T 指示剂，NH_3-NH_4Cl 缓冲溶液（pH=10），氧化锌，EDTA 二钠盐。

【实验步骤】
1. 0.02mol/L 锌标准溶液的配制

准确称取氧化锌 0.41g 左右于 100mL 烧杯中，加 5mL HCl（1:1），立即盖上表面皿，待氧化锌溶解完全后,加入适量水,转移至250mL容量瓶中,稀释至刻度,摇匀。计算此溶液的准确浓度。

$$c_{Zn}=\frac{m_{ZnO}}{M_{ZnO}V_{ZnO}}$$

式中　c_{Zn}——Zn 的摩尔浓度,mol/L;
　　　m_{ZnO}——ZnO 的质量,g;
　　　M_{ZnO}——ZnO 的摩尔质量,g/mol。

记录项目	数据
称量瓶+ZnO 的质量(前)/g	
称量瓶+ZnO 的质量(后)/g	
ZnO 的质量/g	
c_{Zn}/(mol/L)	

2. 0.02mol/L EDTA 溶液的配制及标定

称取 3.6g EDTA 二钠盐置于烧杯中,加 100mL 水,微微加热并搅拌使其完全溶解,恢复至室温后稀释至 500mL,摇匀,转入试剂瓶中待标定。准确移取锌标准溶液 25mL 于 250mL 锥形瓶中,加入二甲酚橙指示剂 2 滴,用 20%六亚甲基四胺溶液调节至呈紫红色后再过量 5mL。以 EDTA 溶液滴定至溶液由紫红色变为亮黄色为终点。根据滴定所用 EDTA 溶液的体积和锌标准溶液的浓度,计算 EDTA 溶液的浓度。

$$c_{EDTA}=\frac{c_{Zn}\times 25}{V_{EDTA}}$$

式中　c_{EDTA}——EDTA 的摩尔浓度,mol/L;
　　　c_{Zn}——Zn 的摩尔浓度,mol/L;
　　　V_{EDTA}——消耗 EDTA 的体积,mL。

记录项目	Ⅰ	Ⅱ	Ⅲ
EDTA 体积初读数/mL			
EDTA 体积终读数/mL			
V_{EDTA}/mL			
c_{Zn}/(mol/L)			
c_{EDTA}/(mol/L)			
$\bar{c}_{EDTA}$/(mol/L)			
个别测定的绝对偏差			
相对平均偏差/%			

3. 样品处理

取胃舒平药片 10 片,研细从中准确称取 2.0g 左右(记录下称取的样品质量),加入 20mL HCl(1∶1),加蒸馏水至 100mL,煮沸,冷却后抽滤,并加水洗涤沉淀,收集滤液及洗涤液于 250mL 容量瓶中,稀释至刻度。摇匀。

4. 铝含量的测定

准确吸取上述溶液 5mL 于 250mL 锥形瓶中，加水至 25mL，准确移取 EDTA 溶液 25.00mL 于锥形瓶中，摇匀。加入二甲酚橙指示剂 2 滴，滴加 $NH_3 \cdot H_2O$（1∶1）至溶液恰呈紫红色，然后滴加 HCl（1∶1）2 滴。将溶液煮沸 3min 左右，冷却。再加入 20% 六亚甲基四胺溶液 10mL，使溶液 pH 值为 5~6。再加入二甲酚橙指示剂 2 滴，以 Zn 标准溶液滴定至溶液由黄色变为红色，即为终点。根据 EDTA 加入量与 Zn 标准溶液的滴定体积，计算药片中 Al_2O_3 的质量分数。

$$w_{Al_2O_3} = \frac{\frac{1}{2} \times (c_{EDTA}V_{EDTA} - c_{Zn}V_{Zn}) \times \frac{M_{Al_2O_3}}{1000}}{m_s \times \frac{5}{250}} \times 100\%$$

式中　c_{EDTA}——EDTA 的摩尔浓度，mol/L；
　　　V_{EDTA}——移取 EDTA 的体积，mL；
　　　c_{Zn}——Zn 的摩尔浓度，mol/L；
　　　V_{Zn}——消耗锌标液的体积，mL；
　　　$M_{Al_2O_3}$——Al_2O_3 的摩尔质量，g/mol；
　　　m_s——样品的质量，g。

记录项目	Ⅰ	Ⅱ	Ⅲ
称取的试样的质量/g			
Zn 标准溶液体积初读数/mL			
Zn 标准溶液体积终读数/mL			
V_{Zn}/mL			
$\overline{V}_{Zn}$/mL			
V_{EDTA}/mL			
单次测定的绝对偏差/mL			
相对平均偏差/%			
Al_2O_3 的质量分数/%			

5. 镁含量的测定

吸取试液 25.00mL 于 100mL 烧杯中，滴加 $NH_3 \cdot H_2O$（1∶1）至刚出现浑浊，再加 HCl（1∶1）至沉淀恰好溶解。加入固体 NH_4Cl 2.0g 溶解后，滴加 20% 六亚甲基四胺溶液至沉淀出现并过量 15mL，加热至 80℃，维持 10~15min，冷却后过滤。以少量蒸馏水洗涤沉淀数次，收集滤液及洗涤液于 250mL 锥形瓶中。加入三乙醇胺溶液 10mL、氨-氯化铵缓冲溶液 10mL，及甲基红指示剂 1 滴，铬黑 T 指示剂少许，用 EDTA 标准溶液滴定至溶液由暗红色变为蓝绿色，即为终点，计算药片中 MgO 的质量分数。

$$w_{MgO} = \frac{c_{EDTA}V_{EDTA}\frac{M_{MgO}}{1000}}{m_s \times \frac{10}{100}} \times 100\%$$

式中　c_{EDTA}——EDTA 的摩尔浓度，mol/L；

V_{EDTA}——EDTA 的体积，mL；

M_{MgO}——MgO 的摩尔质量，g/mol；

m_s——样品的质量，g。

记录项目	I	II	III
称取样品的质量/g			
EDTA 体积终读数/mL			
EDTA 体积初读数/mL			
V_{EDTA}/mL			
$\bar{V}_{EDTA}$/mL			
单次测定的绝对偏差/mL			
相对平均偏差/%			
MgO 的质量分数/%			

【思考题】

1. 实验中为什么要称取大样混匀后再分取部分试样进行实验？
2. 能否用 EDTA 标准溶液直接滴定铝？
3. 在分离铝后的滤液中测定镁，为什么要加入三乙醇胺溶液？
4. 测定镁时能否不分离铝，而采用掩蔽的方法直接测定？如可以则选择什么物质作掩蔽剂比较好，设计实验方案。

实验十九 铁矿中全铁含量的测定（无汞定铁法）

【实验目的】

1. 掌握 $K_2Cr_2O_7$ 标准溶液的配制及使用。
2. 学习矿石试样的酸溶法。
3. 学习 $K_2Cr_2O_7$ 法测定铁的原理及方法。
4. 对无汞定铁有所了解，增强环保意识。
5. 了解二苯胺磺酸钠指示剂的作用原理。

【实验原理】

用 HCl 溶液分解铁矿石后，在热 HCl 溶液中，以甲基橙为指示剂，用 $SnCl_2$ 将 Fe^{3+} 还原为 Fe^{2+}，并过量 1~2 滴。经典方法是用 $HgCl_2$ 氧化过量的 $SnCl_2$ 以除去 Sn^{2+} 的干扰，但 $HgCl_2$ 会造成环境污染，本实验采用无汞定铁法。还原反应为：

$$2FeCl_4^- + SnCl_2^{2-} + 2Cl^- \rightleftharpoons 2FeCl_4^{2-} + SnCl_6^{2-}$$

使用甲基橙指示 $SnCl_2$ 还原 Fe^{3+} 的原理是：Sn^{2+} 将 Fe^{3+} 还原完毕后，过量的 Sn^{2+} 可将甲基橙还原为氢化甲基橙而褪色，不仅指示了还原的终点，Sn^{2+} 还能继续使氢化甲基橙还原成 N,N-二甲基对苯二胺和对氨基苯磺酸，过量 Sn^{2+} 则可以消除。反应为：

$$(CH_3)_2NC_6H_4N=NC_6H_4SO_3Na \xrightarrow{2H^+} (CH_3)_2NC_6H_4NHNHC_6H_4SO_3Na$$

$$\xrightarrow{Sn^{2+}} (CH_3)_2NC_6H_4NH_2 + H_2NC_6H_4SO_3Na$$

以上反应为不可逆的,因而甲基橙的还原产物不消耗 $K_2Cr_2O_7$。

HCl 溶液浓度应控制在 4mol/L,若大于 6mol/L,Sn^{2+} 会先将甲基橙还原为无色,无法指示 Fe^{3+} 的还原反应。若 HCl 溶液浓度低于 2mol/L,则甲基橙褪色缓慢。滴定反应为:

$$6Fe^{2+} + Cr_2O_7^{2-} + 14H^+ \rightleftharpoons 6Fe^{3+} + 2Cr^{3+} + 7H_2O$$

滴定突跃范围为 0.93～1.34V,使用二苯胺磺酸钠为指示剂时,由于它的条件电位为 0.85V,因而需加入磷酸使滴定生成的 Fe^{3+} 生成 $Fe(HPO_4)_2^-$ 而降低 Fe^{3+}/Fe^{2+} 电对的电位,使突跃范围变成 0.71～1.34V,指示剂可以在此范围内变色,同时也消除了 $FeCl_4^-$(黄色)对终点观察的干扰。另外,Sb(V),Sb(Ⅲ)也会干扰本实验,不应存在。

【仪器和试剂】

仪器:干燥器,容量瓶,天平,烧杯,表面皿,滴定管等。

试剂:$SnCl_2$ 溶液(100g/L、50g/L),H_2SO_4-H_3PO_4 混酸,HCl,二苯胺磺酸钠(2g/L),甲基橙(1g/L),$K_2Cr_2O_7$。

【实验步骤】

1. $K_2Cr_2O_7$ 标准溶液的配制

将 $K_2Cr_2O_7$ 在 150～180℃条件下干燥 2h,置于干燥器中冷却至室温。用指定质量称量法准确称取 0.6129g $K_2Cr_2O_7$ 于小烧杯中,加水溶解,定量转移至 250mL 容量瓶中,加水稀释至刻度,摇匀。

2. 样品处理

准确称取铁矿石粉 1.0～1.5g 于 250mL 烧杯中,用少量水润湿,加入 20mL 浓 HCl 溶液,盖上表面皿,在通风橱中低温加热分解试样,若有带色不溶残渣,可滴加 20～30 滴 100g/L $SnCl_2$ 助溶。试样分解完全时,残渣应接近白色(SiO_2),用少量水吹洗表面皿及烧杯壁,冷却后转移至 250mL 容量瓶中,稀释至刻度并摇匀。

3. 矿石中铁含量的测定

移取试样溶液 25.00mL 于锥形瓶中,加 8mL 浓 HCl 溶液,加热近沸,加入 6 滴甲基橙,趁热边摇动锥形瓶边逐滴加入 100g/L $SnCl_2$ 还原 Fe^{3+}。溶液由橙变红,再慢慢滴加 50g/L $SnCl_2$ 至溶液变为淡粉色,再摇几下直至淡粉色褪去。立即流水冷却,加 50mL 蒸馏水,20mL 硫磷混酸,4 滴二苯胺磺酸钠,立即用 $K_2Cr_2O_7$ 标准溶液滴定至稳定的紫红色为终点,平行测定三次,计算矿石中铁的含量(质量分数)。

【数据记录】

自行绘制表格进行记录。

【思考题】

1. $K_2Cr_2O_7$ 为什么可以直接称量配制准确浓度的溶液?
2. 分解铁矿石时,为什么要在低温下进行?如果加热至沸腾会对结果产生什么影响?
3. $SnCl_2$ 还原 Fe^{3+} 的条件是什么?怎样控制 $SnCl_2$ 不过量?
4. 以 $K_2Cr_2O_7$ 溶液滴定 Fe^{2+} 时,加入 H_3PO_4 的作用是什么?

实验二十　钢铁中镍含量的测定(丁二酮肟有机试剂沉淀重量分析法)

【实验目的】

了解丁二酮肟镍重量法测定镍的原理和方法,掌握用玻璃坩埚过滤等重量分析法基本操作。

【实验原理】

丁二酮肟是二元弱酸（以 H_2D 表示），解离平衡为：

$$H_2D \underset{+H^+}{\overset{-H^+}{\rightleftharpoons}} HD^- \underset{+H^+}{\overset{-H^+}{\rightleftharpoons}} D^{2-}$$

其分子式为 $C_4H_8O_2N_2$，摩尔质量为 1162g/mol。研究表明，只有 HD^- 状态才能在氨性溶液中与 Ni^{2+} 发生沉淀反应：

$$Ni^{2+} + \begin{matrix} CH_3-C=NOH \\ CH_3-C=NOH \end{matrix} + 2NH_3 \cdot H_2O = \begin{matrix} O \cdots H-O \\ CH_3-C=N \quad N=C-CH_3 \\ \quad\quad\quad Ni \\ CH_3-C=N \quad N=C-CH_3 \\ O-H \cdots O \end{matrix} \downarrow + 2NH_4^+ + 2H_2O$$

经过滤，洗涤，在120℃下烘干至恒重，称得丁二酮肟镍沉淀的质量 $m_{Ni(HD)_2}$，以下式计算 Ni 的质量分数：

$$w_{Ni} = \frac{m_{Ni(HD)_2} \times \dfrac{M_{Ni}}{M_{Ni(HD)_2}}}{m_s} \times 100\%$$

本法沉淀介质的酸度为 pH＝8～9 的氨性溶液。酸度大，生成 H_2D，使沉淀溶解度增大；酸度小，由于生成 D^{2-}，同样将增加沉淀的溶解度。氨浓度太高，会生成 Ni^{2+} 的氨络合物。

丁二酮肟是一种高选择性的有机沉淀剂，它只与 Ni^{2+}、Pd^{2+}、Fe^{2+} 反应生成沉淀。Co^{2+}、Cu^{2+} 与其生成水溶性络合物，不仅会消耗 H_2D，且会引起共沉淀现象。当 Co^{2+}、Cu^{2+} 含量高时，最好进行二次沉淀或预先分离。

由于 Fe^{3+}、Al^{3+}、Cr^{3+}、Ti^{4+} 等在氨性溶液中生成氢氧化物沉淀，会干扰测定，故在溶液加氨水前，需加入柠檬酸或酒石酸络合剂，使其生成水溶性的络合物。

【仪器和试剂】

仪器：烧杯，表面皿，G_4 微孔玻璃坩埚，钢铁试样，烘箱等。

试剂：混合酸 $HCl+HNO_3+H_2O$（3＋1＋2），酒石酸或柠檬酸溶液（500g/L），10g/L 丁二酮肟乙醇溶液，氨水(1＋1)，HCl(1＋1)，HNO_3(2mol/L)，$AgNO_3$(0.1mol/L)，氨-氯化铵洗涤液（每100mL水中加入1mL氨水和1g NH_4Cl），G_4 微孔玻璃坩埚，钢铁试样。

【实验步骤】

准确称取试样（含 Ni 30～80mg）两份，分别置于 500mL 烧杯中，加入 20～40mL 混合酸，盖上表面皿，低温加热溶解后，煮沸除去氮的氧化物，加入 5～10mL 酒石酸溶液（每克试样加入10mL），然后，在不断搅动的条件下，滴加氨水（1＋1）至溶液 pH＝8～9，此时溶液转变为蓝绿色。如有不溶物，应将沉淀过滤，并用热的氨-氯化铵洗涤液洗涤沉淀数次（洗涤液与滤液合并）。滤液用 HCl(1＋1) 酸化，用热水稀释至约 300mL，加热至 70～80℃在不断搅拌的条件下，加入 10g/L 丁二酮肟乙醇溶液沉淀 Ni^{2+}（1mg Ni^{2+} 约需 1mL 10g/L 的丁二酮肟溶液），最后再多加 20～30mL。但所加试剂的总量不要超过试液体积的 1/3，以免增大沉淀的溶解度。然后在不断搅拌的条件下，滴加氨水(1＋1)，使溶液的 pH 值为 8～9。在 60～70℃下保温 30～40min。取下稍冷后，用已恒重的 G_4 微孔玻璃坩埚进行减压过滤，用微氨性的 20g/L 酒石酸溶液洗涤烧杯和沉淀 8～10 次，再用温热水洗涤

沉淀至无 Cl^- 为止（检查 Cl^- 时，可将滤液用稀 HNO_3 酸化，用 $AgNO_3$ 检查）。将带有沉淀的微孔玻璃坩埚置于 130～150℃ 烘箱中烘 1h，冷却，称量，再烘干，称量，直至恒重为止（对丁二酮肟镍沉淀的恒重，可视两次质量之差不大于 0.4mg 时为符合要求）。根据丁二酮肟镍的质量，计算试样中镍的含量。

实验完毕，微孔玻璃坩埚用稀盐酸溶液洗涤干净。

【数据记录】
自行绘制表格进行记录。

【思考题】
1. 溶解试样时加入 HNO_3 的作用是什么？
2. 为了得到纯净的丁二酮肟镍沉淀，应选择和控制好哪些实验条件？
3. 重量法测定镍，也可将丁二酮肟镍灼烧成氧化镍称量（至恒重）。这与本方法相比较哪种方法更优越？为什么？

第三节 自主设计实验

实验二十一 白醋酸度的测定

【实验目的】
1. 掌握 NaOH 标准溶液的标定方法。
2. 了解基准物质邻苯二甲酸氢钾的性质及应用。
3. 掌握强碱滴定弱酸的滴定过程、指示剂选择和终点的确定方法。

【实验原理】
1. HAc 浓度的测定

已知 HAc 的 $K_a=1.8\times10^{-5}$，食用白醋中 HAc 的 $cK_a>10^{-8}$，故可在水溶液中用 NaOH 标准溶液直接准确滴定。滴定反应：

$$HAc + NaOH = NaAc + H_2O$$
$$\text{弱碱性}(pH_{sp}=8.72)$$

当用 0.1mol/L 的 NaOH 溶液滴定时，突跃范围约为 pH=7.7～9.7。凡是变色范围全部或部分落在滴定突跃范围之内的指示剂，都可用来指示终点。本实验用酚酞作指示剂，溶液由无色变为微红色且 30s 内不褪色即为终点。

2. NaOH 标准溶液的标定

用基准物质准确标定出 NaOH 溶液的浓度，基准物质有邻苯二甲酸氢钾、草酸。邻苯二甲酸氢钾的优点：易制得纯品，在空气中不吸水，易保存，摩尔质量大，与 NaOH 反应的计量比为 1∶1。在 100～125℃ 下干燥 1～2h 后使用。

滴定反应为：

$$\underset{\text{COOK}}{\underset{|}{C_6H_4}}\text{-COOH} + NaOH \longrightarrow \underset{\text{COOK}}{\underset{|}{C_6H_4}}\text{-COONa} + H_2O$$

化学计量点时，溶液呈弱碱性（pH≈9.20），可选用酚酞作指示剂。

$$c_{\text{NaOH}} = \frac{\left(\dfrac{m}{M}\right)_{\text{邻苯二甲酸氢钾}} \times 1000}{V_{\text{NaOH}}} \text{ (mol/L)}$$

式中，$m_{\text{邻苯二甲酸氢钾}}$ 为邻苯二甲酸氢钾的质量，g；V_{NaOH} 为 NaOH 的体积，mL。

$H_2C_2O_4 \cdot 2H_2O$ 在相对湿度为 5%～95% 时稳定（能否放置在干燥器中保存？）。用不含 CO_2 的水配制草酸溶液，且在暗处保存。

注意：光和 Mn^{2+} 能加快空气氧化草酸，草酸溶液本身也能自动分解。

滴定反应为：
$$H_2C_2O_4 + 2NaOH = Na_2C_2O_4 + 2H_2O$$

化学计量点时，溶液呈弱碱性（pH≈8.4），可选用酚酞作指示剂。

$$c_{\text{NaOH}} = \frac{2\left(\dfrac{m}{M}\right)_{\text{草酸}} \times 1000}{V_{\text{NaOH}}} \text{ (mol/L)}$$

式中，$m_{\text{草酸}}$ 为草酸的质量，g；V_{NaOH} 为 NaOH 的体积，mL。

标准溶液的浓度要保留 4 位有效数字。

【仪器和试剂】

仪器：天平，量筒（10mL），烧杯，试剂瓶（带橡胶塞），酸式滴定管（50mL），碱式滴定管（50mL），锥形瓶（250mL），移液管。

试剂：0.1mol/L NaOH 溶液，酚酞指示剂（0.2% 乙醇溶液），邻苯二甲酸氢钾（S）（AR，在 100～125℃ 下干燥 1h 后，置于干燥器中备用），食用白醋。

【实验步骤】

1. 0.1mol/L NaOH 溶液的标定

用差减法准确称取 0.4～0.6g 已烘干的邻苯二甲酸氢钾三份，分别放入三个已编号的 250mL 锥形瓶中，加 20～30mL 水溶解（可稍加热以促进溶解），加 2～3d 酚酞指示剂，然后用 NaOH 溶液滴定至微红色（30s 内不褪色），记录 V_{NaOH}，计算 c_{NaOH} 和标定结果的相对偏差。

2. 食用白醋中乙酸含量的测定

准确移取食用白醋 25.00mL 于 250mL 容量瓶中，用去离子水定容，摇匀，用移液管移取 50.00mL 溶液于 250mL 锥形瓶中，加 2～3d 酚酞指示剂，然后用 NaOH 溶液滴定至微红色（30s 内不褪色），记录 V_{NaOH}，平行测定三次，计算每 100mL 食用白醋中的 ρ_{HAc}（g/100mL）和测定结果的相对偏差。

$$\rho_{\text{HAc}} = \frac{c_{\text{NaOH}} V_{\text{NaOH}} M_{\text{HAc}} \times 100}{\dfrac{V_{\text{白醋}}}{250} \times 50.00} \text{ (g/100mL)}$$

【数据处理】

1. 0.1mol/L NaOH 溶液的标定

记录项目	Ⅰ	Ⅱ	Ⅲ
$m_{\text{邻苯二甲酸氢钾}}/\text{g}$			
$V_{\text{NaOH}}/\text{mL}$			
$c_{\text{NaOH}}/(\text{mol/L})$			

记录项目	I	II	III
$\bar{c}_{NaOH}/(mol/L)$			
相对偏差			
平均相对偏差			

2. 食用白醋中乙酸含量的测定

记录项目	I	II	III
$V_{白醋}/mL$			
$c_{NaOH}/(mol/L)$			
V_{NaOH}/mL			
$\rho_{HAc}/(g/100mL)$			
$\bar{\rho}_{HAc}/(g/100mL)$			
相对偏差			
平均相对偏差			

【思考题】

1. 与其他基准物质比较，邻苯二甲酸氢钾有什么优点？
2. 称取 NaOH 及邻苯二甲酸氢钾各用什么天平？为什么？
3. 已标定的 NaOH 溶液在保存中吸收了二氧化碳，用它来测定 HCl 的浓度，若以酚酞为指示剂对测定结果有何影响？改用甲基橙，又如何？
4. 标准溶液的浓度应保留几位有效数字？
5. 测定食用白醋时，为什么用酚酞作指示剂？能否用甲基橙或甲基红？
6. 标定 NaOH 溶液，邻苯二甲酸氢钾的质量是怎样计算得来的？
7. 酚酞指示剂使溶液变红后，在空气中放置一段时间后又变为无色，原因是什么？

实验二十二 维生素 C 含量的测定

【实验目的】

1. 掌握碘标准溶液的配制和标定方法。
2. 掌握直接碘量法测定维生素 C 的原理和方法。

【实验原理】

维生素 C 又称抗坏血酸，分子式为 $C_6H_8O_6$，维生素 C 具有还原性，可被 I_2 定量氧化，因此可用 I_2 标准溶液直接滴定。其滴定反应式为：

$$C_6H_8O_6 + I_2 \longrightarrow C_6H_6O_6 + 2HI$$

用直接碘量法可测定药片、注射液、饮料、蔬菜、水果等中的维生素 C 含量。

由于维生素 C 的还原性很强，在空气中极易被氧化，尤其是在碱性介质中，这种氧化作用更强，因此滴定宜在酸性介质中进行，以减少副反应的发生。考虑到 I^- 在强酸性溶液中也易被氧化，故一般在 pH=3~4 的弱酸性溶液中进行。

【仪器和试剂】

仪器：移液管，锥形瓶，研钵，滴定管等。

试剂：0.05mol/L I_2 溶液（称取 13.5g I_2、36g KI 溶解于 50mL 蒸馏水，溶解后加入 3 滴盐酸及适量蒸馏水稀释至 1000mL，用垂熔漏斗过滤，置于阴凉处密封、避光保存），0.1mol/L $Na_2S_2O_3$ 标准溶液，0.2%淀粉溶液（称取 0.5g 可溶性淀粉，用少量水搅匀，加入 100mL 沸水，搅匀。若需放置，可加少量 HgI_2 或 H_3BO_3 作防腐剂），2mol/L 乙酸溶液，维生素 C 药片。

【实验步骤】

1. I_2 溶液浓度的标定

用移液管移取 25.00mL $Na_2S_2O_3$ 标准溶液于 250mL 锥形瓶中，加 50mL 蒸馏水，5mL 0.2%淀粉溶液，然后用 I_2 溶液滴定至溶液呈浅蓝色，30s 内不褪色即为终点。平行测定三份，计算 I_2 溶液的浓度。

2. 维生素 C 含量的测定

准确称取约 0.2g 研磨碎的维生素 C 药片，置于 250mL 锥形瓶中，加入 100mL 新煮沸并冷却的蒸馏水、10mL 2mol/L HAc 溶液和 5mL 0.2%淀粉溶液，立即用 I_2 标准溶液滴定至出现稳定的浅蓝色，且在 30s 内不褪色即为终点，记下消耗的 I_2 溶液体积。平行滴定三份，计算试样中维生素 C 的质量分数。

【数据记录】

自行绘制表格。

【注意事项】

1. 碘在水中几乎不溶，且有挥发性，所以配制时加入 KI，生成 KI_3 络合物，以助其溶解，并可以降低碘的挥发性。

2. 由于滴定时反应速率较慢，应徐徐滴加，猛烈振摇直至溶液呈持久的蓝色为终点。

3. 碘液具有挥发性与腐蚀性，应储存于具有玻璃塞的棕色（或用黑布包裹）试剂瓶中，避免与软木塞或橡皮塞等有机物接触；并应配制后放置一周再进行标定，使其浓度稳定。

4. 因碘能与橡胶发生反应，因此不能装在碱式滴定管中。

5. 配制淀粉指示液时的加热时间不宜过长，并应快速冷却，以免降低其灵敏度；所配制的淀粉指示液遇碘应显纯蓝色，如显红色，即不宜使用；此指示液应临时配制。

【思考题】

1. 溶解 I_2 时，加入过量 KI 的作用是什么？

2. 溶解维生素 C 固体试样时，为何要加入新煮沸并冷却的蒸馏水？

3. 测定维生素 C 时，为何要在 HAc 介质中进行？

4. 碘量法的误差来源有哪些？应采取哪些措施减小误差？

实验二十三　粗盐提纯及海水中 Ca、Mg 含量分析

I　粗盐提纯

【实验目的】

1. 学会用化学方法提纯粗食盐，同时为进一步精制成试剂级纯度的氯化钠提供原料。

2. 练习台秤的使用以及加热、溶解、常压过滤、减压过滤、蒸发浓缩、结晶、干燥等基本操作。

3. 学习食盐中 Ca^{2+}、Mg^{2+}、SO_4^{2-} 的定性检验方法。

【实验原理】

粗食盐中含有泥沙等不溶性杂质及 Ca^{2+}、Mg^{2+}、K^+、SO_4^{2-} 等可溶性杂质。将粗食盐溶于水后,过滤可以除去不溶性杂质。Ca^{2+}、Mg^{2+}、SO_4^{2-} 等可以通过化学方法——加沉淀剂使之转化为难溶沉淀物,再过滤除去。

① 一般先在食盐中加硫化钡溶液,除去 SO_4^{2-}:

$$Ba^{2+} + SO_4^{2-} = BaSO_4 \downarrow$$

② 然后在溶液中加入碳酸钠溶液,除去 Ca^{2+}、Mg^{2+} 和过量的 Ba^{2+}:

$$Mg^{2+} + 2OH^- = Mg(OH)_2 \downarrow$$

$$Ca^{2+} + CO_3^{2-} = CaCO_3 \downarrow$$

$$Ba^{2+} + CO_3^{2-} = BaCO_3 \downarrow$$

③ 过量的碳酸钠溶液用盐酸中和。K^+ 等其他可溶性杂质含量少,蒸发浓缩后不结晶,仍留在母液中。

【仪器和试剂】

仪器:天平,烧杯(100mL)2 个,普通漏斗,漏斗架,布氏漏斗,pH 试纸,滤纸,玻璃棒,蒸发皿,试管,吸滤瓶,真空泵,蒸发皿,量筒(10mL 1 个,50mL 1 个),泥三角,石棉网,三脚架,坩埚钳,酒精灯。

试剂:HCl 溶液(6mol/L),NaOH(6mol/L),$BaCl_2$(1mol/L、0.2mol/L),Na_2CO_3(饱和),HAc(6mol/L、2mol/L),饱和 $(NH_4)_2C_2O_4$,粗食盐,镁试剂。

【实验步骤】

1. 粗食盐的提纯

(1) 粗食盐的称量和溶解

在台秤上称取 7.5g 粗食盐,放入 100mL 烧杯中,加入 25mL 水,加热,搅拌,使食盐溶解。

(2) SO_4^{2-} 的除去

在煮沸的食盐水溶液中,边搅拌边逐滴加入 1mol/L $BaCl_2$ 溶液(约 2~3mL),继续加热 5min。为检验 SO_4^{2-} 是否沉淀完全,可将酒精灯移开,待沉淀下沉后,取少量上层清液加几滴 6mol/L 的 HCl,再在上层清液中滴入几滴 1mol/L 的 $BaCl_2$ 溶液,观察溶液是否有浑浊现象。如清液不变浑浊,证明 SO_4^{2-} 已沉淀完全,如清液浑浊,则要继续加 $BaCl_2$ 溶液,直到沉淀完全为止。

(3) Ca^{2+}、Mg^{2+}、Ba^{2+} 等的除去

将上面溶液加热至沸腾,边搅拌边滴加饱和的 Na_2CO_3 溶液(约 5~6mL),至滴入 Na_2CO_3 溶液不产生沉淀为止,再多加 0.5mL Na_2CO_3 溶液,静置。

检验 Ba^{2+} 是否除尽:向上清液中滴加几滴饱和 Na_2CO_3 溶液,观察溶液是否有浑浊现象。如清液不变浑浊,证明 Ba^{2+} 已沉淀完全,如清液变浑浊,则要继续加 Na_2CO_3 溶液,直到沉淀完全为止。常压过滤,弃去沉淀。

(4) 调节溶液的 pH 值

在加热搅拌下,向滤液中逐滴加入 6mol/L HCl 溶液,充分搅拌,并用玻璃棒蘸取滤液在 pH 试纸上试验,直到溶液微酸性(pH=3~4)为止。

(5) 蒸发浓缩

在蒸发皿中将溶液浓缩至原体积的 1/3(出现一层晶膜),冷却结晶,抽吸过滤,用少量的乙醇水溶液(2∶1)洗涤晶体,抽滤至布氏漏斗下端无水滴,然后移到蒸发皿中小火烘干(除去何物),冷却,称量,计算回收率。

2. 产品纯度的检验

称取粗食盐和提纯后的精盐各 0.5g,分别溶于 5mL 去离子水中,然后各取约 1mL 分别盛于 2 支试管中。用下述方法对照检验它们的纯度。

(1) SO_4^{2-} 的检验

分别加入 2 滴 6mol/L 的 HCl 和 3~4 滴 0.2mol/L 的 $BaCl_2$ 溶液,观察有无白色的 $BaSO_4$ 沉淀生成。

(2) Ca^{2+} 的检验

分别加入 2mol/L HAc 溶液使呈酸性,再分别加入 3~4 滴饱和 $(NH_4)_2C_2O_4$ 溶液,稍待片刻,观察有无白色的 CaC_2O_4 沉淀生成。

(3) Mg^{2+} 的检验

加入 3~4 滴镁试剂,如有蓝色沉淀产生,表示有 Mg^{2+} 存在。

【数据处理】

检验项目	检验方法	被测溶液	实验现象	结论
SO_4^{2-}	6mol/L HCl 0.2mol/L $BaCl_2$	粗 NaCl 溶液		
		精 NaCl 溶液		
Ca^{2+}	饱和$(NH_4)_2C_2O_4$	粗 NaCl 溶液		
		精 NaCl 溶液		
Mg^{2+}	6mol/L NaOH 镁试剂	粗 NaCl 溶液		
		精 NaCl 溶液		

Ⅱ 海水中 Ca、Mg 含量分析

【实验目的】

1. 了解 EDTA 标准溶液的配制和标定原理、方法。
2. 掌握配位滴定法的原理及其应用。
3. 了解水硬度测定的意义和常用的硬度表示方法。
4. 掌握铬黑 T 的应用。

【实验原理】

测定海水中 Ca、Mg 含量,一般采用配位滴定法,即在 pH=10 的氨性溶液中,以铬黑 T 作为指示剂,用 EDTA 标准溶液直接滴定海水中的 Ca^{2+}、Mg^{2+},铬黑 T 和 EDTA 都能和 Ca^{2+}、Mg^{2+} 形成配合物,直至溶液由紫红色经紫蓝色转变为蓝色,即为终点。反应如下:

滴定前：　　　　　　　　EBT ＋ Me(Ca^{2+}、Mg^{2+}) $\Longrightarrow$ Me-EBT
　　　　　　　　　　　（蓝色）　pH＝10　　　　　　　（紫红色）

滴定开始至化学计量点前：H_2Y^{2-}＋Ca^{2+} $\Longrightarrow$ CaY^{2-}＋$2H^+$
　　　　　　　　　　　　H_2Y^{2-}＋Mg^{2+} $\Longrightarrow$ MgY^{2-}＋$2H^+$

化学计量点时：　　　　H_2Y^{2-}＋Mg-EBT $\Longrightarrow$ MgY^{2-}＋EBT＋$2H^+$
　　　　　　　　　　　　　　　（紫蓝色）　　　　（蓝色）

滴定时，Fe^{3+}、Al^{3+}等干扰离子用三乙醇胺掩蔽，Cu^{2+}、Pb^{2+}、Zn^{2+}等重金属离子可用KCN、Na_2S或巯基乙酸掩蔽。

Ca、Mg总量（以碳酸钙计，mg/L）的计算公式：

$$\rho_{CaCO_3} = \frac{c_{EDTA} V_{EDTA} M_{CaCO_3}}{V_s} \times 1000$$

式中　c_{EDTA}——EDTA的平均浓度，mol/L；
　　　V_{EDTA}——滴定消耗EDTA的体积，mL；
　　　M_{CaCO_3}——碳酸钙的摩尔质量，g/mol；
　　　V_s——移取的水样体积，mL。

【仪器和试剂】

仪器：聚四氟乙烯滴定管（50mL），移液管（25mL，50mL），锥形瓶（250mL），烧杯，量筒（10mL、100mL），250mL容量瓶，表面皿，台秤。

试剂：乙二胺四乙酸二钠盐（AR），NH_3-NH_4Cl缓冲溶液（pH≈10），铬黑T，$CaCO_3$（基准），$MgCl·6H_2O$溶液，HCl溶液（1∶1），三乙醇胺（200g/L）。

【实验步骤】

1. $CaCO_3$标准溶液的配制（约0.01mol/L）

用差减法准确称取0.2～0.3g基准$CaCO_3$于100mL烧杯中，先以少量水润湿，盖上表面皿，从烧杯嘴处往烧杯中滴加约5mL HCl溶液（1∶1），使$CaCO_3$全部溶解，用水冲洗烧杯内壁和表面皿，将溶液定量转移至250mL容量瓶中，定容，摇匀。计算其准确浓度。

2. EDTA溶液（0.01mol/L）的配制及标定

用天平称取1.2g EDTA二钠盐于烧杯中，加100mL水，微微加热并搅拌使其溶解完全，再滴加$MgCl_2·6H_2O$溶液1～2滴，恢复到室温后稀释至300mL，摇匀待标定。

用移液管吸取25.00mL $CaCO_3$标准溶液于250mL锥形瓶中，然后加入5mL NH_3-NH_4Cl缓冲溶液，再加少许铬黑T指示剂，立即用EDTA溶液滴定，当溶液由紫红色转变为纯蓝色即为终点。平行测定3次，记下所用EDTA溶液的体积，计算EDTA溶液的准确浓度，取平均值。

3. 海水Ca、Mg总量的测定

用移液管移取10.00mL海水于250mL锥形瓶中，加入3mL三乙醇胺溶液、5mL NH_3-NH_4Cl缓冲溶液，再加入少许铬黑T指示剂，立即用EDTA溶液滴定，当溶液由紫红色变为纯蓝色即为终点。平行测定3次，记下所用EDTA溶液的体积，计算海水中Ca、Mg总量。

【数据记录】

1. 碳酸钙浓度计算

记录项目	数据
称量瓶+碳酸钙的质量（称量前）/g	
称量瓶+碳酸钙的质量（称量后）/g	
碳酸钙质量 m_{CaCO_3}/g	
碳酸钙溶液体积 V/mL	
碳酸钙溶液浓度 c_{CaCO_3}/(mol/L)	

2. EDTA 的标定

记录项目	Ⅰ	Ⅱ	Ⅲ
移取钙标液的体积/mL			
EDTA 溶液终读数/mL			
EDTA 溶液初读数/mL			
EDTA 溶液体积/mL			
EDTA 溶液浓度 c_{EDTA}/(mol/L)			
EDTA 溶液浓度平均值 $\bar{c}_{EDTA}$/(mol/L)			
单次测定的绝对偏差			
相对平均偏差/%			

3. Ca、Mg 总量的测定

记录项目	Ⅰ	Ⅱ	Ⅲ
EDTA 溶液终读数/mL			
EDTA 溶液初读数/mL			
EDTA 溶液体积/mL			
水样总硬度 ρ/(mg/L)			
水样总硬度平均值 $\rho_{平均}$/(mg/L)			
单次测定的绝对偏差			
相对平均偏差/%			

【注意事项】

1. EDTA 标准溶液配制时应加入少量的镁盐，以提高终点变色的敏锐性。
2. 三乙醇胺必须在 pH<4 时加入，然后再调节 pH 至滴定酸度。
3. 若有 CO_2 或 CO_3^{2-} 存在会和 Ca^{2+} 结合生成 $CaCO_3$ 沉淀，使终点拖后，变色不敏锐。故应在滴定前将溶液酸化并煮沸以除去 CO_2。但 HCl 不宜多加，以免影响滴定时溶液的 pH。

【思考题】

1. 在除去 Ca^{2+}、Mg^{2+}、SO_4^{2-} 时，为什么要先加入 $BaCl_2$ 溶液，然后再加入 Na_2CO_3

溶液?

2. 蒸发前为什么要用盐酸将溶液的 pH 调至 3~4? 调至恰为中性如何?

3. 能否用氯化钙代替毒性大的氯化钡来除去 SO_4^{2-}?

4. 在除去 Ca^{2+}、Mg^{2+}、SO_4^{2-} 时,能否用其他可溶性碳酸盐代替碳酸钠?

5. 在提纯粗盐过程中,钾离子将在哪一步除去?

实验二十四 蛋壳中 Ca、Mg 含量的测定

Ⅰ 配位滴定法测定蛋壳中 Ca、Mg 总量

【实验目的】

1. 进一步巩固掌握配位滴定分析的方法与原理。
2. 学习使用配合掩蔽排除干扰离子影响的方法。
3. 训练对实物试样中某组分含量测定的一般步骤。

【实验原理】

鸡蛋壳的主要成分为 $CaCO_3$,其次为 $MgCO_3$、蛋白质、色素以及少量的 Fe、Al。在 pH=10,用铬黑 T 作指示剂,用 EDTA 可直接测量 Ca^{2+}、Mg^{2+} 总量。为提高配位的选择性,在 pH=10 时,加入掩蔽剂三乙醇胺使之与 Fe^{3+}、Al^{3+} 等生成更稳定的配合物,以排除它们对 Ca^{2+}、Mg^{2+} 测量的干扰。

【仪器和试剂】

仪器:烧杯,天平,容量瓶,吸量管,锥形瓶等。

试剂:6mol/L HCl,铬黑 T 指示剂,三乙醇胺水溶液(1:2),95%乙醇溶液,NH_4Cl-$NH_3 \cdot H_2O$ 缓冲溶液(pH=10),0.01mol/L EDTA 标准溶液。

【实验步骤】

① 蛋壳预处理 先将蛋壳洗净,加水煮沸 5~10min,去除蛋壳内表层的蛋白薄膜,然后把蛋壳放于烧杯中用小火烤干,研成粉末。

② 自拟定蛋壳称量范围的试验方案。

③ Ca、Mg 总量的测定 准确称取一定量的蛋壳粉末,小心滴加 6mol/L HCl 4~5mL,微火加热至完全溶解(少量蛋白膜不溶),冷却,转移至 250mL 容量瓶中,稀释至接近刻度线,若有泡沫,滴加 2~3 滴 95%乙醇溶液,泡沫消除后,滴加水至刻度线,摇匀。

吸取试液 25.00mL 置于 250mL 锥形瓶中,分别加去离子水 20mL、三乙醇胺 5mL,摇匀。再加 NH_4Cl-$NH_3 \cdot H_2O$ 缓冲液 10mL,摇匀。加入少许铬黑 T 指示剂,用 EDTA 标准溶液滴定至溶液由酒红色恰变纯蓝色,即达终点。根据 EDTA 消耗的体积计算 Ca^{2+}、Mg^{2+} 总量,以 CaO 的含量表示。

【思考题】

1. 如何确定蛋壳粉末的称量范围(提示:先粗略确定蛋壳粉中钙、镁含量,再估计蛋壳粉的称量范围)?

2. 蛋壳粉溶解稀释时为何要加 95%乙醇消除泡沫?

3. 试列出求钙镁总量的计算式(以 CaO 含量表示)。

Ⅱ 酸碱滴定法测定蛋壳中 CaO 的含量

【实验目的】

1. 学习用酸碱滴定方法测定 $CaCO_3$ 的原理及指示剂选择。
2. 巩固滴定分析基本操作。

【实验原理】

蛋壳中的碳酸盐能与 HCl 发生反应：

$$CaCO_3 + 2H^+ = Ca^{2+} + CO_2\uparrow + H_2O$$

过量的酸可用 NaOH 标准溶液返滴定，据实际与 $CaCO_3$ 反应的盐酸标准溶液的体积求得蛋壳中 CaO 含量，以 CaO 质量分数表示。

【仪器和试剂】

仪器：烧杯，试剂瓶，量筒，容量瓶，锥形瓶，酸式滴定管等。

试剂：浓 HCl(AR)，NaOH(AR)，0.1%甲基橙。

【实验步骤】

1. 0.5mol/L NaOH 的配制

称 10g NaOH 固体于小烧杯中，加 H_2O 溶解后转移至试剂瓶中，用蒸馏水稀释至 500mL，加橡皮塞，摇匀。

2. 0.5mol/L HCl 的配制

用量筒量取浓盐酸 10mL 于 250mL 容量瓶中，用蒸馏水稀释至 500mL，加盖，摇匀。

3. 酸碱标定

准确称取基准 Na_2CO_3 0.55～0.65g 3 份于锥形瓶中，分别加入 50mL 煮沸除去 CO_2 并冷却的去离子水，摇匀，温热使溶解后加入 1～2 滴甲基橙指示剂，用以上配制的 HCl 溶液滴定至橙色为终点。计算 HCl 溶液的精确浓度。再用该 HCl 标准溶液标定 NaOH 溶液的浓度。

4. CaO 含量的测定

于 3 个锥形瓶中分别准确称取经预处理的蛋壳 0.3g（精确到 0.1mg），用酸式滴定管逐滴加入已标定好的 HCl 标准溶液 40mL 左右（需精确读数），小火加热溶解，冷却，加甲基橙指示剂 1～2 滴，以 NaOH 标准溶液滴定至溶液呈橙黄色。

【数据处理】

按滴定分析记录格式作表格，记录数据，按下式计算 w_{CaO}（质量分数）：

$$w_{CaO} = \frac{(c_{HCl}V_{HCl} - c_{NaOH}V_{NaOH}) \times \frac{56.08}{2000}}{m_{样品}} \times 100\%$$

【注意事项】

1. 蛋壳中的钙主要以 $CaCO_3$ 形式存在，同时也有 $MgCO_3$，因此 CaO 含量表示的是 Ca＋Mg 总量。

2. 由于酸较稀，溶解时需加热一定时间，试样中有不溶物，如蛋白质之类，但不影响测定。

【思考题】

1. 蛋壳称样量是依据什么估算的？

2. 蛋壳溶解时应注意什么？

3. 为什么说 w_{CaO} 是表示 Ca 与 Mg 的总量？

Ⅲ 高锰酸钾法测定蛋壳中 CaO 的含量

【实验目的】

1. 学习间接氧化还原测定 CaO 的含量。

2. 巩固沉淀分离、过滤洗涤与滴定分析基本操作。

【实验原理】

利用蛋壳中的 Ca^{2+} 与草酸盐形成难溶的草酸盐沉淀，将沉淀经过滤洗涤分离后溶解，用高锰酸钾法测定 $C_2O_4^{2-}$ 含量，计算出 CaO 的含量，反应如下：

$$Ca^{2+} + C_2O_4^{2-} = CaC_2O_4 \downarrow$$

$$CaC_2O_4 + H_2SO_4 = CaSO_4 + H_2C_2O_4$$

$$5H_2C_2O_4 + 2MnO_4^- + 6H^+ = 2Mn^{2+} + 10CO_2 \uparrow + 8H_2O$$

某些金属离子（Ba^{2+}、Sr^{2+}、Mg^{2+}、Pb^{2+}、Cd^{2+} 等）与 $C_2O_4^{2-}$ 能形成沉淀，对测定 Ca^{2+} 有干扰。

【仪器和试剂】

仪器：烧杯，水浴装置，滤纸等。

试剂：0.01mol/L KMnO₄，2.5% (NH₄)₂C₂O₄，10% NH₃·H₂O，浓盐酸，1mol/L H₂SO₄，HCl(1+1)，0.2% 甲基橙，0.1mol/L AgNO₃。

【实验步骤】

准确称取蛋壳粉两份（每份含钙约 0.025g），分别放入 250mL 烧杯中，加 HCl(1+1) 3mL，加 H₂O 20mL，加热溶解，若有不溶解蛋白质，可过滤。滤液置于烧杯中，然后加入 5% 草酸铵溶液 50mL，若出现沉淀，再滴加浓 HCl 使其溶解，然后加热至 70～80℃，加入 2～3 滴甲基橙，溶液呈红色，逐滴加入 10% 氨水，不断搅拌，直至溶液变黄并有氨味逸出为止。

将溶液放置陈化（或在水浴上加热 30min 陈化），沉淀经过滤洗涤，直至无 Cl^-。然后，将带有沉淀的滤纸铺在先前用来进行沉淀的烧杯内壁上，用 50mL 1mol/L H₂SO₄ 把沉淀由滤纸洗入烧杯中，再用洗瓶吹洗 1～2 次。然后，稀释溶液至体积约为 100mL，加热至 70～80℃，用 KMnO₄ 标准溶液滴定至溶液呈浅红色且为终点，再把滤纸推入溶液中，滴加 KMnO₄ 至浅红色且在 30s 内不褪色为止。计算 CaO 的质量分数。

【数据处理】

按定量分析格式画表格，记录数据，计算 w_{CaO}，相对偏差要求小于 0.3%。

【思考题】

1. 用 (NH₄)₂C₂O₄ 沉淀 Ca^{2+}，为什么要先在酸性溶液中加入沉淀剂，然后在 70～80℃时滴加氨水至甲基橙变黄，使 CaC_2O_4 沉淀？

2. 为什么沉淀要洗至无 Cl^- 为止？

3. 如果将带有 CaC_2O_4 沉淀的滤纸一起投入烧杯，以硫酸处理后再用 KMnO₄ 滴定，这样操作对结果有什么影响？

4. 试比较三种方法测定蛋壳中 CaO 含量的优缺点。

第四章 仪器分析实验

第一节 色谱分析法

色谱分析法（chromatography）又称"色谱法""色谱分析""层析法"，是一种利用不同物质在不同相态间的选择性分配，以流动相对固定相中的混合物进行洗脱，混合物中不同的物质会以不同的速度沿固定相移动，最终达到分离目的的分析方法。

色谱法体系中的两相作相对运动时，通常其中一个相是固定不动的，称为固定相；另一相是移动的，称为流动相。在色谱分析过程中，物质的迁移速度取决于它们与固定相和流动相的相对作用力。溶质和两相的吸引力是分子间作用力，包括色散力、诱导效应、场间效应、氢键力和路易斯酸碱相互作用。对于离子，还有离子间的静电吸引力。被较强作用力吸引在固定相上的溶质相对滞后于被较强的作用力吸引在流动相中的溶质，随着移动的反复进行与多次分配，使混合物中的各组分得到分离。

色谱分析法的分类比较复杂。根据流动相和固定相的不同，色谱法分为气相色谱法和液相色谱法。气相色谱法的流动相是气体，又可分为：气固色谱法，其流动相是气体，固定相为固体；气液色谱法，其流动相是气体，固定相是涂在惰性固体上的液体。液相色谱法的流动相是液体，又可分为：液固色谱法，其流动相是液体，固定相是固体；液液色谱法，其流动相和固定相均是液体。色谱分析法按吸附剂及其使用形式可分为柱色谱、纸色谱和薄层色谱；按吸附力可分为吸附色谱、离子交换色谱、分配色谱和凝胶渗透色谱；按色谱操作终止的方法可分为展开色谱和洗脱色谱；按进样方法可分为区带色谱、迎头色谱和顶替色谱。

色谱法的应用可以根据目的分为制备性色谱和分析性色谱两大类。制备性色谱的目的是分离混合物，获得一定数量的纯净组分，这包括对有机合成产物的纯化、天然产物的分离纯化以及去离子水的制备等。相对于色谱法出现之前的纯化分离技术如重结晶，色谱法能够在一步操作之内完成对混合物的分离，但是色谱法分离纯化的产量有限，只适合于实验室应用。分析性色谱的目的是定量或者定性测定混合物中各组分的性质和含量。定性的分析性色谱有薄层色谱、纸色谱等，定量的分析性色谱有气相色谱、高效液相色谱等。色谱法应用于分析领域使得分离和测定的过程合二为一，降低了混合物分析的难度，缩短了分析的周期，是比较主流的分析方法。

一、气相色谱法

1. 方法概述

气相色谱法（gas chromatography，GC）是采用气体作为流动相的一种色谱法。在此法中，载气载着欲分离的试样通过色谱柱的固定相，使试样中各组分分离，然后分别进行检测。气相色谱可分为气固色谱和气液色谱。气固色谱指流动相是气体，固定相是固体物质的色谱分离方法，如活性炭、硅胶等作固定相。气液色谱指流动相是气体，固定相是液体的色谱分离方法。例如在惰性材料硅藻土上涂一层角鲨烷，可以分离、测定纯乙烯中的微量甲烷、乙炔、丙烯、丙烷等杂质。气相色谱在石油化工、环境、食品、医药等领域均有广泛的应用。

GC 主要是利用物质的沸点、极性及吸附性质的差异来实现混合物的分离，待分析样品在气化室气化后被惰性气体（即载气，也叫流动相）带入色谱柱，柱内含有液体或固体固定相，由于样品中各组分的沸点、极性或吸附性能不同，每种组分都倾向于在流动相和固定相之间形成分配或吸附平衡。但由于载气是流动的，这种平衡实际上很难建立起来。也正是由于载气的流动，使样品组分在运动中进行反复多次的分配或吸附-解吸附，结果是在载气中浓度大的组分先流出色谱柱，而在固定相中分配浓度大的组分后流出。当组分流出色谱柱后，立即进入检测器。检测器能够将样品组分转变为电信号，而电信号的大小与被测组分的量或浓度成正比。将这些信号放大并记录可得到色谱图。

气相色谱法是指用气体作为流动相的色谱法。由于样品在气相中传递速度快，因此样品组分在流动相和固定相之间可以在瞬间达到平衡。另外加上可选作固定相的物质很多，因此气相色谱法是一个分析速度快和分离效率高的分离分析方法。近年来采用高灵敏选择性检测器，使得它又具有分析灵敏度高、应用范围广等优点。但是气相色谱也有其局限，高沸点、热稳定性差的组分不适合用此方法分析。

2. 气相色谱仪

（1）仪器组成

气相色谱仪由以下五大系统组成：气路系统、进样系统、色谱柱与柱温箱、检测器和计算机。组分能否分开，取决于色谱柱；分离后组分能否鉴定出来则取决于检测器，所以分离系统和检测系统是仪器的核心。

① 载气系统　载气系统包括气源、气体净化器和流速控制部件。载气一般为 N_2、H_2 和 He。

② 进样系统　包括进样器和气化室。

③ 检测器　气相色谱仪常用的检测器有：氢火焰离子化检测器（FID）、热导检测器（TCD）、氮磷检测器（NPD）、火焰光度检测器（FPD）、电子捕获检测器（ECD）等类型。

（2）仪器使用

① 检查气路　注意载气气路是否连接正确，用肥皂水检查气路是否漏气。

② 通载气　打开氮气钢瓶（逆时针旋转总阀 4～5 圈），顺时针旋转减压阀至减压表示数为 0.5MPa 左右。打开氮气净化器开关，调节载气流量旋钮，使载气柱前压稳定在 0.07MPa 左右。

③ 开机自检　显示"GC112A"。

④ 设置参数　最高温度设置：进样器、检测器、柱箱均为 300℃；检测器确定为 1（FID 检测器）；进样器工作温度 160℃；柱箱温度 55℃；检测器温度 200℃；热导池不用时，热导池温度设为室温 30℃。

⑤ 起始升温　设置完参数后按下"起始"键，仪器开始升温至设置温度，"准备"灯亮。

⑥ FID 检测器点火　打开空气发生器、氢气发生器和空气过滤器、氢气过滤器开关，待空气输出压上升至 0.15MPa 左右，氢气输出压上升至 0.11MPa 左右时，按下点火按钮约 5s。用金属物体放在 FID 检测器出口处验证是否点火成功（看金属物体上是否有水珠生成），若不成功，则需增大氢气流量，重新点火。

⑦ 基线调零　打开电脑和信号采集器，打开 HW-2000 色谱工作站，点击"谱图采集"按钮，色谱工作站采集基线信号，调节调零按钮，可使基线回到零点。

⑧ 进样　待基线平稳后，用微量注射器取 0.5μL 苯系物混合液。将注射器插入进样口，在进样的同时按下"谱图采集"按钮。待被分离的物质全部出峰后，按下"手动停止"按钮，并保存谱图。

⑨ 关机　首先关闭 HW-2000 色谱工作站，关闭计算机。然后关闭信号采集器。再关闭氢气发生器开关，待氢气柱前压降为零后，关闭氢气净化器开关，然后关闭空气发生器开关，待空气柱前压降为零后，关闭空气净化器开关。待柱箱温度降至室温后，关闭主机电源。然后关闭氮气总阀，待总压表上压力降为零后，关闭减压阀，待柱前压力表上的压力降为零后，关闭氮气净化器开关。

（3）气体钢瓶

气相色谱中常用的气体有氢气、氮气、氦气和空气。这些气体除空气由空压机供给外，一般都由高压钢瓶供给。钢瓶气的纯度分为普纯级 99.95% 以上和高纯级 99.99% 以上。一般分析中普纯级就能符合要求。气体钢瓶可由瓶身颜色分辨，氢气钢瓶为绿色，氮气钢瓶为黑色，氧气钢瓶为蓝色。钢瓶上应标有纯度的等级。氢气和氮气钢瓶不允许用完，以免空气反扩散到钢瓶内影响纯度。当瓶内压力低于使用压力的 2.5 倍时，就难以得到稳定的气流，因而当瓶压降到 10~20kPa 时，即应停止使用。空气虽无反扩散受污染的问题，但从稳流角度考虑也不能完全用完。

使用钢瓶气，必须使用减压阀。安装减压阀时，首先要检查瓶嘴螺钉和减压阀螺母是否匹配。安装时应将接口处仔细擦拭干净，再用手拧上螺母，确实入扣后再用扳手旋紧。减压表上有两个弹簧压力表，示值大的表示钢瓶内的压力，示值小的表示减压后的气体输出压力。减压后的气体输出压力可用 T 形阀杆调节，右旋时输出压力增加，左旋时输出压力减小。气体钢瓶内压力较高（满刻度为 15MPa），使用时要特别注意安全，出气口不要对准人或仪器，也不可靠近热源或经受日晒，搬动时也要小心，轻拿轻放，勿在地上踢滚，不要敲打撞击，以免发生爆炸。

（4）微量注射器

微量注射器通常作为气相或液相色谱仪的进样控制装置，规格有 100μL、50μL、10μL、5μL、1μL 和 0.5μL。可根据进样量的多少选用合适的微量注射器。微量注射器很精密，也很"娇贵"，使用时应多加小心，不用时要洗净放入盘内，不要随便乱放，以免滚落在地上，更不要拿在手里来回空抽，这样容易破坏其气密性。另外要特别注意使用 1μL 和 0.5μL 注射器时切忌不要把针芯拉出针筒外。使用 10μL 注射器时推针用力不要过猛，以免把针芯顶坏。

微量注射器使用过程中还要注意以下几点。

① 微量注射器使用前要用丙酮等溶剂洗净，以免污染样品溶液，使用后也要立即清洗，以免高沸点物质沾污注射器。洗涤方法是：将针尖插入溶剂，抽取溶剂，取出注射器，将废液排到滤纸上，如此洗涤 5~6 次。

② 排气抽取样品时，先用样品将注射器洗几次，然后再吸取样品，取样时要反复 3~5 次推拉柱塞，以排净针内空气后再取样，取样体积稍过量，取出后将针尖向上，准确调整好进样体积，针头外面沾附的样品用滤纸擦净。

③ 进样时针体保持水平或垂直，左手握住针头，插入进样口，并帮助推送，另一手迅速平稳地推进针芯，将样品注入气化室，进样后立即拔出。进样技术对结果重复性和准确性都有影响，必须重视，但进样时也不要过分紧张，否则反而掌握不好。

实验二十五　气相色谱法对苯系物的分离分析

【实验目的】

1. 学习气相色谱分析基本操作和对苯系物的分析方法，了解 FID 检测器的构造原理和使用方法。
2. 掌握保留值的测定及应用保留值进行定性的方法。
3. 掌握分离度、校正因子的测定方法。
4. 学习用归一化法计算各组分的含量。

【实验原理】

氢火焰离子化检测器（FID）是一种选择型检测器，对含碳的有机化合物有很高的灵敏度，故适用于痕量有机物的分析。因其结构简单，灵敏度高，响应快，稳定性好，死体积小，线性范围宽，是一种理想的检测器。氢火焰离子化检测器的操作参数中气体流量对检测器的灵敏度影响很大，通常采用氮气作载气，流量的选择主要考虑分离效能；氢气与氮气的流量比通常为（1∶1）~（1∶1.5）；氢气和空气流量之比为 1∶10。

苯系物指苯、甲苯、乙苯、二甲苯（包括对二甲苯、间二甲苯和邻二甲苯）、异丙苯、三甲苯等组成的混合物，可用气相色谱法进行分离分析。使用有机皂土作固定液，能使间二甲苯和对二甲苯分开，但不能使乙苯和对二甲苯分开。因此使用有机皂土配入适当的邻苯二甲酸二壬酯作固定液即能将各组分分开。其色谱如图 4-1 所示。

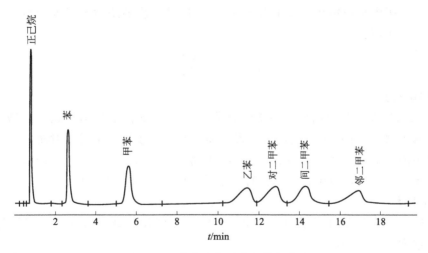

图 4-1　六种苯系物混合液分离谱图

保留值是非常重要的色谱参数，有关色谱参数见图 4-2。

保留值测定的计算公式如下：

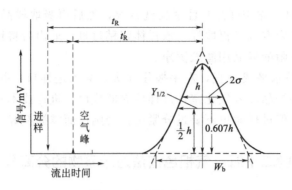

图 4-2 色谱流出曲线

调整保留时间： $t'_R = t_R - t_0$

保留体积： $V^0_R = F_0 t_R$

调整保留体积： $V'_R = F_0(t_R - t_0)$

相对保留值： $r_{12} = \dfrac{t'_{R_1}}{t'_{R_2}} = \dfrac{V'_{R_1}}{V'_{R_2}} = \dfrac{V_{g_1}}{V_{g_2}}$（以苯为基准）

分离度是从色谱峰判断相邻两组分（或称物质对）在色谱柱中总分离效能的指标，用 R 表示，其定义为相邻两峰保留时间之差与两峰基线宽度之和的一半的比值，即：

$$R = \dfrac{t_{R_2} - t_{R_1}}{\dfrac{1}{2}(W_{b_2} + W_{b_1})}$$

在一定操作条件下，进样量（m_i）与响应信号（峰面积 A_i）成正比：

$$m_i = f_i A_i$$

$$f_i = \dfrac{m_i}{A_i}$$

式中，f_i 是绝对质量校正因子。其物理意义是：相当于单位峰面积所对应的某组分的质量。在定量分析中都使用相对校正因子（f'_i），即某物质的绝对校正因子与一标准物质的绝对校正因子的比值：

$$f'_i = \dfrac{f_i}{f_s} = \dfrac{A_i m_i}{A_s m_s}$$

【仪器和试剂】

仪器：GC-112A 气相色谱仪，FID 检测器（上海精密科学仪器公司），HW-2000 色谱工作站（上海千谱），高纯 N_2 钢瓶，H_2 发生器，空气发生器，微量注射器，色谱柱［DNP 柱（邻苯二甲酸二壬酯，20%），ϕ2mm×2m 不锈钢柱］，试剂瓶，电子天平。

试剂：正己烷，苯，甲苯，乙苯，对二甲苯，间二甲苯，邻二甲苯。

【色谱条件】

柱温：55℃；进样器工作温度：160℃；检测器温度：200℃；载气：氮气；柱前压：0.07MPa；进样量：0.5μL。

【实验步骤】

1. 样品的配制

将清洁干燥的棕色试剂瓶放于电子天平上，称重，记录。用 1mL 的注射器吸取 1mL 正己烷置于棕色瓶中,再将棕色瓶放入电子天平中,记下正己烷的质量后清零。重复上述步骤,分别取苯、甲苯、乙苯、对二甲苯、间二甲苯、邻二甲苯各 1mL 放入棕色瓶中混匀(各物质均为分析纯,正己烷为溶剂),并记录各种溶剂的准确质量(准确至 0.1mg)。

2. 检查气路

注意载气气路是否连接正确,用肥皂水检查气路是否漏气。

3. 开机

开机,按上述条件设置参数。待仪器稳定后开始测试。

4. 进样、采集

进样量为 0.5μL,将微量进样器插入进样口,进样的同时按下"图谱采集"按钮,待被分离物质全部出峰后,按下"手动停止",保存谱图。

【数据记录与处理】

1. 记录各组分的保留时间及精密称量的各组分样品质量与进样量。
2. 测量各峰高、峰宽,计算峰面积。
3. 计算相对校正因子 f':以苯为标准,求出其余组分的相对质量校正因子(质量校正因子的文献值为:苯,0.780;甲苯,0.794;乙苯,0.818)。
4. 计算有效塔板数 n_{eff} 和分离度 R。
5. 应用归一化法,计算各组分的含量。计算公式如下:

$$c_i = \frac{m_i}{m_1+m_2+\cdots+m_n} \times 100\% = \frac{f'_i A_i}{\sum_{i=1}^{n} f'_i A_i}$$

项目	正己烷	苯	甲苯	乙苯	对二甲苯	间二甲苯	邻二甲苯
原混合液中质量 m/g							
保留时间 t_R/min							
调整保留时间 t'_R/min							
峰面积 $A/\mu\text{V}\cdot\text{s}$							
峰高 h/mV							
半峰宽 $Y_{1/2}/\text{min}$							
峰宽 Y/min							
有效塔板数 n_{eff}							
校正因子							
相对校正因子							
分离度 R							
各组分百分含量/%							

【注意事项】

1. 每次进样前,注射器都要用丙酮充分抽洗数次,每次所取试样内不能有气泡。
2. 以空气峰的保留时间作为死时间 t_0 用以计算 t'_R。
3. 进样时,注射器要垂直慢慢插入,以避免损坏注射器,然后迅速将试样推入进样器中。

实验二十六 程序升温气相色谱法对醇系物的分离分析

【实验目的】

1. 了解 GC-112A 型气相色谱仪的使用方法。
2. 学习用气相色谱对醇系物进行分离分析。
3. 掌握程序升温气相色谱法的原理及基本操作。

【实验原理】

用气相色谱法分析样品时，各组分都有一个最佳柱温。对于沸程较宽、组分较多的复杂样品，柱温可选在各组分的平均沸点左右，显然这是一种折中的办法，其结果是低沸点组分因柱温太高很快流出，色谱峰尖而挤，甚至重叠，而高沸点组分因柱温太低，滞留时间长，色谱峰扩张严重，甚至在一次分析中不出峰。

程序升温气相色谱法（PTGC）是色谱柱按预定程序连续或分阶段地进行升温的气相色谱法。采用程序升温技术，可使各组分在最佳的柱温流出色谱柱，以改善复杂样品的分离，缩短分析时间。另外，在程序升温操作中，随着柱温的升高，各组分加速运动，当柱温接近各组分的保留温度时，各组分以大致相同的速度流出色谱柱，因此在 PTGC 中各组分的峰宽大致相同，称为等峰宽。

醇系物指甲醇、乙醇、正丙醇和正丁醇等，其中常含有水分。

【仪器和试剂】

仪器：GC-112A 气相色谱仪（上海精密科学仪器公司），HW-2000 色谱工作站，高纯 N_2 钢瓶，H_2 发生器，空气发生器，$1\mu L$ 微量注射器，色谱柱［PEG-20M（固定液为聚乙二醇 20000，载体为 101 白色载体，80～100 目），$\phi 2mm \times 2m$ 不锈钢柱］。

试剂：甲醇，乙醇，正丙醇，正丁醇，异丁醇，异戊醇，正己醇，环己醇，正辛醇（均为色谱纯或分析纯）。

【色谱条件】

柱温：初始温度 40℃，恒温 1min，以 10℃/min 的速率升温至 90℃，保持 1min，然后以 14℃/min 的速率上升至 160℃（终止温度），再保持 1min。进样器温度：190℃；检测器温度：200℃。进样量：$0.5\mu L$。载气：高纯 N_2。流速：25～35mL/min；氢气流速：40mL/min；空气流速：400mL/min。载气柱前压：0.07MPa。氢气柱前压：0.11MPa；空气柱前压：0.15MPa。

【实验步骤】

1. 待分离样品的配制

分别用 1mL 注射器取甲醇、乙醇、正丙醇、正丁醇、异丁醇、异戊醇、正己醇、环己醇、正辛醇，分别注入干燥已知空重的小试剂瓶中，精密称定，确定并记录每一种试剂加入的质量。摇匀，密闭。

2. 检查气路

注意载气气路是否连接正确，气路是否被压住，用肥皂水检查气路是否漏气。

3. 开机

按上述条件设置参数，开机。待仪器稳定后开始测试。

4. 进样、采集

进样量为 0.5μL,将微量进样器插入进样口,进样的同时按下"图谱采集"按钮,待被分离物质全部出峰后,按下"手动停止",保存谱图。

【数据记录与处理】

1. 记录进样量,各组分的保留时间。
2. 测量各个峰高、峰宽,计算峰面积。
3. 计算有效塔板数 n_{eff}、分离度 R,填入表中。

项目	甲醇	乙醇	正丙醇	正丁醇	异丁醇	异戊醇	环己醇	正辛醇	正己醇
原混合液中质量 m/g									
保留时间 t_R/min									
调整保留时间 t'_R/min									
峰面积 $A/\mu\text{V}\cdot\text{s}$									
峰高 $h/\mu\text{V}$									
半峰宽 $Y_{1/2}/\text{min}$									
峰宽 Y/min									
有效塔板数 n_{eff}									
分离度 R									

【思考题】

1. 本实验使用的色谱柱为极性柱,被分离的组分按极性大小顺序流出。请推测各组分的流出顺序。
2. 与恒温色谱法相比,程序升温有哪些优点?

二、高效液相色谱法

1. 方法概述

高效液相色谱法(high performance liquid chromatography,HPLC)采用液体作为流动相,在经典的液体柱色谱法的基础上,引入气相色谱法的理论,在技术上采用高压泵、高效固定相和高灵敏度检测器,具有分析速度快、分离效率高和操作自动化的特点。

其基本原理可简述为:利用物质在两相中的吸附或分配系数的微小差异达到分离的目的。当两相做相对移动时,被测物质在两相之间进行反复多次的质量交换,使溶质间微小的性质差异产生放大的效果,达到分离分析和测定的目的。

与气相色谱相比,高效液相色谱法最大的优点是可以分离不可挥发而具有一定溶解性的物质或受热后不稳定的物质,这类物质在已知化合物中占有相当大的比例,这也确定了液相色谱法在应用领域中的地位。高效液相色谱法可分析低分子量、低沸点的有机化合物,更多适用于分析中分子量、高分子量、高沸点及热稳定性差的有机化合物。80%的有机化合物都可以用高效液相色谱法分析,目前该方法已经广泛应用于生物工程、制药工程、食品工业、环境检测、石油化工等行业。

高效液相色谱法按流动相极性的大小可分为正相色谱法和反相色谱法；按分离机制不同可分为吸附色谱法、分配色谱法、空间排阻色谱法、离子交换色谱法、亲和色谱法、化学键合相色谱法。高效液相色谱法，有"四高一广"的特点：

① 高压　流动相为液体，流经色谱柱时，受到的阻力较大，为了能迅速通过色谱柱，必须对载液加高压。

② 高速　分析速度快、载液流速快，较经典液体色谱法速度快得多，通常分析一个样品在 15～30min，有些样品甚至在 5min 内即可完成分析，一般小于 1h。

③ 高效　分离效能高，可选择固定相和流动相以达到最佳分离效果，比工业精馏塔和气相色谱的分离效能高出许多倍。

④ 高灵敏度　紫外检测器可达 0.01ng，进样量在 μL 数量级。

⑤ 应用范围广　百分之七十以上的有机化合物可用高效液相色谱分析，特别是高沸点、大分子、强极性、热稳定性差化合物的分离分析。

⑥ 柱子可反复使用　用一根柱子可分离不同化合物

⑦ 样品量少、容易回收　样品经过色谱柱后不被破坏，可以收集单一组分等。

此外，高效液相色谱还有色谱柱可反复使用、样品不被破坏、易回收等优点，但也有缺点，与气相色谱相比各有所长，相互补充。高效液相色谱的缺点是有"柱外效应"。从进样到检测器之间，除了柱子以外的任何死空间（进样器、柱接头、连接管和检测池等）中，如果流动相的流型有变化，被分离物质的任何扩散和滞留都会明显导致色谱峰的加宽，柱效率降低。高效液相色谱检测器的灵敏度不如气相色谱检测器。

2. 高效液相色谱仪

高效液相色谱仪型号多种多样，操作方式也各不相同，但均包括输液系统、进样系统、分离系统、检测系统和数据处理系统等几部分。

(1) 输液系统

输液系统包括储液及脱气装置、高压输液泵和梯度洗脱装置。储液装置用于存储足够量、符合 HPLC 要求的流动相。高效液相色谱柱填料颗粒比较小，通过柱子的流动相受到的流动阻力很大，因此需要高压泵输送流动相。

(2) 进样系统

进样系统是将待测样品引入到色谱柱的装置。液相色谱进样装置需要满足重复性好、死体积小、保证柱中心进样、进样时引起的流量波动小、便于实现自动化等多项要求。进样系统包括取样、进样两项功能。

(3) 分离系统

色谱柱是色谱仪的心脏。柱效高、选择性好、分析速度快是对色谱柱的一般要求。商品化的 HPLC 微粒填料，如硅胶和以硅胶为基质的键合相、氧化铝、有机聚合物微球（包括离子交换树脂）等的粒度通常在 $3\mu m$、$5\mu m$、$7\mu m$ 以及 $10\mu m$。采用的固定相粒度甚至可以达到 $1\mu m$，而制备色谱所采用的固定相粒度通常大于 $10\mu m$。HPLC 填充柱效的理论值可以达到 $50000\sim 160000 m^{-1}$ 理论塔板，一般采用 $100\sim 300mm$ 的柱长可满足大多数样品的分析需要。由于柱效内、外多种因素的影响，因此为使色谱柱达到其应有的效率，应尽量减小系统的死体积。

(4) 检测系统

HPLC 检测器分为通用型检测器和专用型检测器两类。通用型检测器可连续测量色谱柱流出物（包括流动相和样品组分）的全部特性变化。这类检测仪器包括示差折光检测器（RID）、蒸发光散射检测器（ELSD）、电导检测器和磁光旋转检测器。这类检测器适用范围广，但是对于流动相有响应，受温度变化、流动相流速和组成变化的影响，检测灵敏度低，不能用于梯度洗脱的分离模式。专用型检测器对样品中组分的某种物理或化学性质敏感，可用于测量被分离组分某类特性的变化。这类检测器包括紫外检测器（UV）、荧光检测器（FLD）、质谱检测器（MS）。

(5) 数据处理系统

数据处理系统可以分为色谱工作站和专用智能处理系统两类，前者可以完成一般的色谱数据处理任务，有些软件可以实现部分仪器的控制功能。前者为一般的色谱工作站，后者通常称为专家系统。

实验二十七 反相色谱法测定饮料中咖啡因的含量

【实验目的】
1. 理解反相色谱的原理，了解 HPLC 的主要部件及其作用。
2. 掌握标准曲线定量方法。
3. 掌握利用色谱工作站对实验数据进行处理。

【实验原理】

咖啡因又称咖啡碱，是一种生物碱，属黄嘌呤衍生物，其化学名称为 1,3,7-三甲基黄嘌呤，它能使人精神兴奋。茶叶、咖啡、可乐饮料、APC 药片等都含有咖啡因。

测定咖啡因含量的传统方法是先萃取，再用分光光度法测定。但由于有些具有紫外吸收的杂质同时存在，会产生一些误差，且萃取过程烦琐。反相液相色谱法测定咖啡因是先分离，后检测，消除了干扰杂质，结果更为准确。

标准曲线法也称为外标法，是 HPLC 定量分析中的常用方法。将咖啡因纯品配制成不同浓度的系列标准溶液，准确定量进样，得到一系列色谱图。用峰高或峰面积与对应的样品浓度绘图，得到标准工作曲线。然后，在相同条件下测定样品，得到样品色谱图，根据峰高或峰面积在标准曲线上查出被测组分的浓度。

【仪器和试剂】

仪器：HPLC，烧杯，移液管，容量瓶。

试剂：磷酸，磷酸二氢钾，咖啡因标准储备液（1mg/mL），可乐，甲醇，超纯水。

【实验步骤】

1. 样品准备。取 30mL 可乐放入烧杯中，超声脱气 5min，用移液管准确移取 1mL，稀释至 10mL。

2. 咖啡因标准工作液配制。用移液管分别准确移取 0.05mL、0.10mL、0.20mL、0.25mL、0.30mL 咖啡因标准储备液于 10mL 容量瓶中，用甲醇稀释至刻度，其浓度分别为 $5\mu g/mL$、$10\mu g/mL$、$20\mu g/mL$、$25\mu g/mL$、$30\mu g/mL$，脱气过滤。

3. HPLC 开机准备。色谱条件：检测器波长 270nm、流动相为甲醇：水＝30：70（10mmol/L 磷酸缓冲溶液，pH＝3.7），流动相流量 1mL/min，柱温为室温。

4. 标准曲线的绘制。待仪器稳定后，用各浓度咖啡因标准溶液依次进样，进样量

$25\mu L$，记录峰面积和保留时间，每份标准样进样 2 次，取平均值。

5. 样品测定。取待测样品 $25\mu L$ 进样，记录峰面积和保留时间，重复 2 次。

6. 实验结束后，清洗仪器，关机。

【数据处理】

1. 根据实验数据，绘制咖啡因标准工作曲线。
2. 从样品色谱图上标注咖啡因的峰，根据标准曲线计算样品中咖啡因的含量。

【注意事项】

1. 该实验样品较为复杂，实验结束后，需仔细清洗色谱柱。
2. 样品用后均应保存在冰箱内。

【思考题】

1. 能否用离子交换法分析咖啡因，为什么？
2. 用标准曲线法定量的优缺点是什么？
3. 如果标准工作曲线是用峰高对咖啡因进行作图，定量结果是否准确，为什么？

三、离子色谱法

1. 方法概述

离子色谱（ion chromatography）是高效液相色谱（HPLC）的一种，是分析阴离子和阳离子的一种液相色谱方法。离子色谱法是以低交换容量的离子交换树脂为固定相对离子性物质进行分离，用电导检测器连续检测流出物电导变化的一种色谱方法。

离子色谱的分离机理主要是离子交换，有 3 种分离方式，即高效离子交换色谱（HPIC）、高效离子排斥色谱（HPIEC）和离子对色谱（MPIC）。用于 3 种分离方式的柱填料的树脂骨架基本都是苯乙烯-二乙烯基苯的共聚物，但树脂的离子交换功能基和容量各不相同。HPIC 用低容量的离子交换树脂，HPIEC 用高容量的树脂，MPIC 用不含离子交换基团的多孔树脂。

（1）高效离子交换色谱

应用离子交换的原理，采用低交换容量的离子交换树脂来分离离子，这在离子色谱中应用最广泛，其主要填料类型为有机离子交换树脂，以苯乙烯-二乙烯基苯共聚物为骨架，在苯环上引入磺酸基，形成强酸型阳离子交换树脂，引入叔氨基而成季铵型强碱性阴离子交换树脂，此交换树脂具有大孔或薄壳型或多孔表面层型的物理结构，以便于快速达到交换平衡，离子交换树脂耐酸碱，可在任何 pH 范围内使用，易再生、使用寿命长，缺点是机械强度差、易溶易胀、受有机物污染。硅质键合离子交换剂以硅胶为载体，将有离子交换基的有机硅烷与其表面的硅醇基反应，形成化学键合型离子交换剂，其特点是柱效高、交换平衡快、机械强度高，缺点是不耐酸碱，只宜在 pH＝2～8 范围内使用。离子交换色谱是最常用的离子色谱。

（2）高效离子排斥色谱

主要根据 Donnon 膜排斥效应，电离组分受排斥不被保留，而弱酸则有一定保留的原理，制成离子排斥色谱，主要用于分离有机酸以及无机含氧酸根，如硼酸根、碳酸根和硫酸根等。离子排斥色谱主要采用高交换容量的磺化 H 型阳离子交换树脂为填料，以稀盐酸为淋洗液。

(3) 离子对色谱

离子对色谱的固定相为疏水型的中性填料，可用苯乙烯-二乙烯基苯树脂或十八烷基硅胶（ODS），也有用 C_8 硅胶柱或氰基柱，固定相、流动相由含有所谓对离子和含适量有机溶剂的水溶液组成。对离子是指其电荷与待测离子相反，并能与之生成疏水性离子，对化合物的表面活性剂离子，用于阴离子分离的对离子是烷基胺类，如四丁基氢氧化铵、十六烷基三甲基氢氧化铵等；用于阳离子分离的对离子是烷基磺酸类，如己烷磺酸钠、庚烷磺酸钠等对离子的非极性端亲脂，极性端亲水，其 CH_2 链越长，则离子对化合物在固定相的保留越强。在极性流动相中，往往加入一些有机溶剂，以加快淋洗速度。此法主要用于疏水性阴离子以及金属络合物的分离。其分离机理有 3 种不同的假说，即反相离子对、分配离子交换以及离子相互作用。

2. 离子色谱仪

IC 系统的构成与 HPLC 相同，仪器由流动相输液系统、分离柱、检测系统和数据处理系统 4 个部分组成，在需要抑制背景电导的情况下通常还配有 MSM 或类似抑制器。其主要不同之处是 IC 的流动相要求耐酸碱腐蚀以及在可与水互溶的有机溶剂（如乙腈、甲醇和丙酮等）中不溶胀的系统。因此，凡是流动相通过的管道、阀门、泵、柱子及接头等均不宜用不锈钢材料，而是用耐酸碱腐蚀的 PEEK 材料。离子色谱仪的最重要部件是分离柱。柱管材料应是惰性的，一般均在室温下使用。高效柱和特殊性能分离柱的研制成功，是离子色谱迅速发展的关键。

3. 检测方法

离子色谱的检测器分为两大类，即电化学检测器和光学检测器。电化学检测器包括电导检测器、直流安培检测器、脉冲安培检测器和积分安培检测器；光化学检测器包括紫外-可见光检测器和荧光检测器。

随着离子色谱的广泛应用，离子色谱的检测技术已由单一的化学抑制型电导法发展为包括电化学、光化学和与其他多种分析仪器联用的方法，如：①抑制电导检测法；②直接电导检测法；③紫外吸收光谱法；④柱后衍生光谱法；⑤电化学法；⑥与元素选择性检测器联用法。

4. 检测范围

① 无机阴离子的检测　无机阴离子是目前最成熟的离子色谱检测方法，包括水相样品中的氟、氯、溴等卤素阴离子，硫酸根、硫代硫酸根、氰根等阴离子，可广泛应用于饮用水水质检测，啤酒、饮料等食品的安全检测、废水排放达标检测，冶金工艺水样、石油工业样品等工业制品的质量控制。特别由于卤素离子在电子工业中的残留受到越来越严格的限制，因此离子色谱被广泛地应用到无卤素分析等重要工艺控制部门。

② 无机阳离子的检测　无机阳离子的检测和阴离子检测的原理类似，所不同的是采用了磺酸基阳离子交换柱，如 Metrosep C1、C2-150 等，常用的淋洗液系统，如酒石酸-二甲基吡啶酸系统，可有效分析水相样品中的 Li^+、Na^+、NH_4^+、K^+、Ca^{2+}、Mg^{2+} 等。

③ 有机阴离子和阳离子分析　随着离子色谱技术的发展，新的分析设备和分离手段不断出现，逐渐发展到分析生物样品中的某些复杂的离子，目前较成熟的应用包括生物胺的检测、有机酸的检测、糖类的分析等。

实验二十八　离子色谱法测定环境水样中的无机阴离子

【实验目的】

1. 了解抑制型电导检测离子色谱仪的结构和原理，学会仪器的正确使用方法。
2. 掌握离子交换色谱法测定自来水中无机阴离子的原理和方法。

【实验原理】

用离子交换色谱法可同时对试样中的多种阴离子或阳离子进行定性和定量分析。分析阴离子，通常以强碱型阴离子交换剂为固定相，以 KOH、NaOH 或 Na_2CO_3-$NaHCO_3$ 等溶液为流动相。分析阳离子，通常以强酸型阳离子交换剂为固定相，以硫酸、甲基磺酸等溶液为流动相。

在高压泵的作用下，淋洗液将样品带到离子交换分离柱中，样品中的离子与离子交换剂固定相上可交换的离子进行可逆交换，依据样品离子对离子交换剂亲和力的不同而彼此分离开。

地表水、地下水、饮用水等环境水样中的阴离子主要有 F^-、Cl^-、Br^-、NO_3^-、NO_2^-、SO_4^{2-} 和 PO_4^{3-}。本实验以 NaOH 或由 RFC-30 淋洗液在线发生器产生的 KOH 作淋洗液，使用抑制电导检测器，在季铵型强碱性阴离子交换树脂柱上分析自来水中的 F^-、Cl^-、SO_4^{2-} 和 PO_4^{3-}。离子交换反应为：

$$R-N(CH_3)_3^+OH^-(s) + X^-(m) \longrightarrow R-N(CH_3)_3^+X^-(s) + OH^-(m)$$

被分离开的样品离子和淋洗液进入抑制器，发生如下反应：

$$Na^+OH^- + H^+ \longrightarrow H_2O + Na^+$$

$$Na^+X^- + H^+ \longrightarrow H^+X^- + Na^+$$

淋洗液由 Na^+OH^- 变成水，降低了背景电导值；样品离子由 Na^+X^- 变成酸 H^+X^-，增加了电导值，从而提高了测定灵敏度。变成酸的样品离子经电导检测器测量并与标准溶液对照，根据保留时间定性，根据峰面积定量，一次进样可连续测定出自来水中 F^-、Cl^-、SO_4^{2-} 和 PO_4^{3-} 的浓度。

【仪器和试剂】

仪器：DIONEXICS-90 离子色谱仪 [配以 $ASRS^R$-ULTRA114-mm 型自动再生电化学抑制器、MODELDS5 电导检测器、IonPacAS11-HC（4×250mm）阴离子分离柱和IonPac-AG11-HC 阴离子保护柱]，RFC-30 淋洗液在线发生器，数控超声波清洗器，试剂瓶，分析天平，聚乙烯容量瓶，2mL 注射器，0.22μm 的水系针头过滤膜。

试剂：20mmol/L NaOH 淋洗液，NaF（优级纯），NaCl（优级纯），Na_2SO_4（优级纯），N_2（纯度＞99.99%），Na_3PO_4（优级纯）（皆于 105℃ 干燥 2h），重蒸去离子水或纯净水。

【实验步骤】

① 配制单个阴离子标准储备液和单个阴离子标准溶液　称取 0.4420g NaF、0.3297g NaCl、0.2957g Na_2SO_4 和 0.3452g Na_3PO_4，分别用重蒸去离子水溶解并定容于 4 个 200mL 聚乙烯容量瓶中，摇匀，得到浓度皆为 1000mg/L 的 F^-、Cl^-、SO_4^{2-} 和 PO_4^{3-} 的标准储备液，于 4℃ 条件下保存。分别取上述阴离子储备液，用重蒸去离子水配制 50mL 浓度为 5mg/L F^-、20mg/L Cl^-、30mg/L SO_4^{2-} 和 30mg/L PO_4^{3-} 的单个阴离子标准溶液。

② 配制混合阴离子标准溶液　分别移取 2.50mL F^-、18.75mL Cl^-、25.00mL SO_4^{2-} 和 18.75mL PO_4^{3-} 储备液于 250mL 聚乙烯容量瓶中，用重蒸去离子水定容，摇匀，得到含 10mg/L F^-、75mg/L Cl^-、100mg/L SO_4^{2-} 和 75mg/L PO_4^{3-} 的混合阴离子溶液。再移取混合阴离子溶液，用重蒸去离子水定容至 25mL，得到表 4-1 所示浓度的混合阴离子标准溶液。

表 4-1　混合阴离子标准溶液

编号	混合阴离子溶液体积/mL	F^- 浓度/(mg/L)	Cl^- 浓度/(mg/L)	SO_4^{2-} 浓度/(mg/L)	PO_4^{3-} 浓度/(mg/L)
1	0.50	0.20	1.50	2.00	1.50
2	1.00	0.40	3.00	4.00	3.00
3	2.00	0.80	6.00	8.00	6.00
4	5.00	2.00	15.00	20.00	15.00
5	10.00	4.00	30.00	40.00	30.00

③ 打开 N_2 气源，调节钢瓶分压为 0.2～0.4MPa，将进入淋洗液的气压调为 3～6psi（1psi＝6.89kPa）。

④ 打开计算机、打印机、离子色谱仪主机电源开关和色谱工作站。按照实验要求编辑程序、方法和样品表，设置色谱条件。

色谱条件：20mmol/L NaOH，流速 1.2mL/min，洗脱时间 10min，进样量 10μL。

⑤ 开泵，待系统压力超过 1000psi 后，打开 RFC-30 后面板的电源开关，打开 RFC-30 前面板的 EGC 电源，待抑制器出口有液体流出后，再打开 AES/SRS 电源。

⑥ 开始采集基线。待基线平稳后，停止采集基线。打开样品表，用注射器（事先分别用去离子水和待移取的溶液各润洗 3 次）按浓度由小到大的顺序依次取标准溶液进样分析。注意必须先排除注射器内溶液中的气泡，并经微孔滤膜过滤后才能进样。按操作说明建立标准曲线，查看各阴离子分离情况和标准曲线是否合格。

⑦ 分别取单个阴离子标准溶液经微孔滤膜过滤后进样分析，由各阴离子的保留时间确定混合阴离子图谱中各阴离子的位置并命名。

⑧ 打开自来水管放流约 1min，用干净的试剂瓶取自来水约 100mL，经微孔滤膜过滤后进样分析，平行测定三次。自来水中阴离子浓度较高时，需用重蒸去离子水稀释 2～3 倍后进样。必要时可做空白试验。

⑨ 实验结束后，计算机自动给出各阴离子的分析结果。再运行 2 个去离子水样，以便将进样系统和分析系统冲洗干净。打印标准曲线方程及分析结果。

⑩ 依次关闭 RFC-30 前面板的 AES/SRS、EGC 和后面板的电源，关泵，关闭离子色谱主机电源，关闭 N_2 钢瓶总阀并将减压表卸压。关闭计算机、打印机电源开关。

【数据处理】

根据 F^-、Cl^-、SO_4^{2-} 和 PO_4^{3-} 标准曲线方程及自来水被稀释的倍数、自来水中各阴离子的峰面积，计算原自来水中 F^-、Cl^-、SO_4^{2-} 和 PO_4^{3-} 的浓度。并对数据进行分析讨论，得出合理的实验结论。

标准溶液		标准曲线方程				相关系数 r
	F^-					
	Cl^-					
	SO_4^{2-}					
	PO_4^{3-}					
水样		峰面积			峰面积平均值	浓度/(mg/L)	RSD/%
	F^-						
	Cl^-						
	SO_4^{2-}						
	PO_4^{3-}						

【注意事项】

1. 试剂及分析用水必须纯净。所用溶液和流动相要保存在聚乙烯瓶中，在使用之前，要先经微孔滤膜过滤。

2. 样品浓度和样品中的基体浓度不宜太大，否则极易损伤色谱柱。

3. 更换淋洗液时，应先将淋洗液超声脱气半小时以上，并对管路系统进行排气。

4. 在使用 RFC-30 时，实验前要先开泵，待系统压力超过 1000psi 后，再打开后面板的电源开关和前面板的 EGC 电源，待抑制器出口有液体流出后，再打开 AES/SRS 电源。而实验结束后，要依次关闭 AES/SRS、EGC、后面板的电源、离子色谱主机电源，最后再关闭 N_2 钢瓶总阀。

【思考题】

1. 为什么会出现水负峰？

2. 流动相、标准溶液和样品溶液未经微孔滤膜过滤等处理即进入色谱柱分析，会产生什么后果？

3. 影响离子交换色谱法保留值的因素有哪些？如何选择色谱条件？

四、凝胶渗透色谱法

1. 方法概述

凝胶渗透色谱法（gel permeation chromatography，GPC），即尺寸排阻色谱法（SEC）或凝胶过滤色谱法（GFC），是通过使溶解的分子经过含有微孔填料的色谱柱，从而依据其大小进行分离的一种色谱技术。这种技术不仅可用于小分子物质的分离和鉴定，而且可以用来分析化学性质相同、分子体积不同的高分子同系物。

凝胶具有化学惰性，它不具有吸附、分配和离子交换作用。让被测量的高聚物溶液通过一根内装不同孔径的色谱柱，柱中可供分子通行的路径有粒子间的间隙（较大）和粒子内的通孔（较小）。当聚合物溶液流经色谱柱（凝胶颗粒）时，较大的分子（体积大于凝胶孔隙）被排除在粒子的小孔之外，只能从粒子间的间隙通过，速率较快；而较小的分子可以进入粒子中的小孔，通过的速率要慢得多；中等体积的分子可以渗入较大的孔隙中，但受到较小孔隙的排阻，介乎上述两种情况之间。经过一定长度的色谱柱，分子根据分子量的不同被分开，分子量大的在前面（即淋洗时间短），分子量小的在后面（即淋洗时间长）。自试样进柱到被淋洗出来，所接收到的淋出液总体积称为该试样的淋出体积。当仪器和实验条件确定后，溶质的淋出体积与其分子量有关，分子量愈大，其淋出体积愈小。凝胶渗透色谱不但可以用于分离测定高聚物的分子量和分子量分布，同时根据所用凝胶填料不同，可分离脂溶性和水溶性物质，分离分子量的范围从几百万到 100 以下的物质。近年来，凝胶渗透色谱也广泛用于小分子化合物。分子量相近而化学结构不同的物质，不可能通过凝胶渗透色谱法达到完全分离纯化的目的。凝胶渗透色谱不能分辨分子大小相近的化合物，分子量相差需在 10% 以上才能得到分离。

2. 凝胶渗透色谱仪

凝胶渗透色谱仪一般由泵系统、进样系统、分离系统、检测系统和数据采集与处理系统构成。

① 泵系统　包括一个溶剂储存器、一套脱气装置和一个高压泵。它的工作是使流动相（溶剂）以恒定的流速流入色谱柱。泵的工作状况好坏直接影响着最终数据的准确性。越是精密的仪器，要求泵的工作状态越稳定。要求流量的误差应该低于 0.01mL/min。

② 分离系统　色谱柱是凝胶渗透色谱仪的核心部件，是一根在内部加入孔径不同的微粒作为填料的不锈钢空心细管（玻璃或不锈钢）。每根色谱柱都有一定的分子量分离范围和渗透极限，色谱柱有使用的上限和下限。色谱柱的使用上限是当聚合物最小的分子的尺寸比色谱柱中最大的凝胶的尺寸还大，这时高聚物进入不了凝胶颗粒孔径，全部从凝胶颗粒外部流过，这就没有达到分离不同分子量的高聚物的目的，而且还有堵塞凝胶孔的可能，影响色谱柱的分离效果，降低其使用寿命。色谱柱的使用下限就是当聚合物中最大尺寸的分子比凝胶孔的最小孔径还要小，这时也没有达到分离不同分子量的高聚物的目的。所以在使用凝胶渗透色谱仪测定分子量时，必须首先选择好与聚合物分子量范围相配的色谱柱。

③ 检测系统　有示差折光检测器、紫外检测器、黏度检测器等。

实验二十九　凝胶渗透色谱法测定聚合物的分子量及分子量分布

【实验目的】
1. 了解凝胶渗透色谱法的基本原理。
2. 掌握凝胶渗透色谱法测定聚合物的分子量及分子量分布的实验技术。
3. 初步掌握 Waters1515-2414 型凝胶渗透色谱的进样、数据处理等基本操作。

【实验原理】

凝胶渗透色谱法（GPC）是利用高分子溶液通过填充有特种凝胶的柱子把聚合物分子按尺寸大小进行分离的方法。GPC 是液相色谱，能用于测定聚合物的分子量及分子量分布，也能用于测定聚合物内小分子物质、聚合物支化度及共聚物组成等，以及作为聚合物的分离和分级手段。聚合物的分子量及分子量分布是聚合物性能的重要参数之一，它对聚合物的物理性能影响很大。通过 GPC 法可实现对分子量及其分布的快速自动测定。因此，GPC 至今已成为聚合物材料一种必不可少的分析手段。

GPC 的工作原理有各种说法，比较流行的是尺寸排阻理论，因此 GPC 技术又被赋予另一个名字——尺寸排阻色谱（size exclusion chromatography，SEC）。GPC 法分离聚合物与沉淀分级法或溶解分解法不同。聚合物分子在溶液中依据其分子链的柔性及聚合物分子与溶剂的相互作用，可取无规线团、棒状或球体等各种构象，其尺寸大小与其分子量大小有关。GPC 法是利用不同尺寸的聚合物分子在多孔填料中孔内外分布不同而进行分离分级，而沉淀分级法或溶解分级法是依据溶解度与聚合物的分子量相关性分级。

在 GPC 分离的核心部件色谱柱内装有多孔性填料（称为凝胶或多孔微球），其孔径大小有一定的分布，并与待分离的聚合物分子尺寸可相比较。当被分析的样品随着淋洗溶剂（流动相）进入色谱柱后，体积很大的分子不能渗透到凝胶空穴中而受到排阻，最先流出色谱柱；中等体积的分子可以渗透到凝胶的一些大孔，而不能进入小孔，产生部分渗透作用，但比体积大的分子流出色谱柱的时间稍后；体积较小的分子能全部渗入凝胶内部的孔穴中，而最后流出色谱柱。因此，聚合物淋出体积与其分子量有关，分子量越大，淋出体积越小。色谱柱的总体积 V_t 包括三部分：

$$V_t = V_g + V_0 + V_i$$

式中，V_g 为填料的骨架体积；V_0 为填料微粒紧密堆积后的粒间空隙；V_i 为填料孔洞的体积；$V_0 + V_i$ 是聚合物分子可利用的空间。由于聚合物分子在填料孔内、外分布不同，故实际可利用的空间为：

$$V = V_0 + KV_i$$

式中，K 为分布系数，$0 \leq K \leq 1$，与聚合物分子尺寸大小和在填料孔内、外的浓度比有关。当聚合物分子完全排除时，$K=0$，完全渗透时，$K=1$。尺寸大小（分子量）不同的分子有不同的 K 值，因此有不同的淋出体积 V_e。当 $K=0$ 时，$V_e = V_0$，此处所对应的聚合物分子量，是该色谱柱的渗透极限（PL），聚合物分子量超过 PL 值时，只能在 V_0 以前被淋洗出来，没有分离效果。实验表明，聚合物分子尺寸（常以等效球体半径表示）与分子量有关，淋出体积与分子量可以表示为：$V_e = f(\lg M)$，这一函数关系通常可展开为一个多项式的校正方程：

$$\lg M = a_0 + a_1 V_{e1} + a_2 V_{e2} + \cdots$$

通常用一个线性方程表示色谱柱可分离的线性部分。通过使用一组单分散性分子量不同的试样作为标准样品，分别测定它们的淋出体积 V_e 和分子量，作 $\lg M$ 对 V_e 的直线，可求得特性常数 A 和 B。这一直线就是 GPC 的校正曲线。待测聚合物被淋洗通过 GPC 柱时，根据其淋出体积，就可从校正曲线上算得相应的分子量。

【仪器和试剂】

仪器：Water Breeze 凝胶渗透色谱仪，容量瓶（10mL），移液管，试剂瓶，烧杯。

试剂：N,N-二甲基甲酰胺（色谱纯），聚甲基丙烯酸甲酯窄分布标样，聚苯乙烯，四氢呋喃，聚丙烯腈宽分布样品。

【实验步骤】

1. 溶剂及样品预处理

所用溶剂通常需经过蒸馏除去杂质，使用前，还需经过脱气排除溶解在溶剂中的氧气和氮气。所用溶剂的量通常为每个样品需 150mL 左右。脱气后的溶剂倒入试剂瓶中，并确认管路中无气泡，否则，要打开泵的排气阀进行排气。

将标准聚苯乙烯样品和未知聚苯乙烯试样完全溶解在四氢呋喃溶剂中，通常为每 10mg 样品溶解在 1mL 溶剂中。然后使用过滤头过滤除去固体颗粒，将滤液注入样品管中，并在样品管上贴上标签，注明样品的编号。

2. 测试

按色谱条件对样品进行测试。测试方法及仪器操作见本实验后附注内容。

【数据处理】

实验数据处理方法见本实验后附注内容。

【注意事项】

1. 保证溶剂的相溶性，避免使用对不锈钢有腐蚀性的溶剂。

2. 由于每个样品的进样是在其整个测试（一般为45min）过程的前5min，因此严禁在此时取出样品盘。

3. 严格按照实验操作步骤操作，通常在样品测试过程中，学生只用"Find Data""View Data"和"Sample Quene"命令栏的命令，其他命令栏应在老师指导下操作。

4. 对仪器的维护和保养进行记录。

【思考题】

1. GPC与气相色谱的分离机理有什么不同？

2. 温度、溶剂的优劣对高聚物色谱图的位置有什么影响？

3. 讨论进样量、色谱柱的流速对实验结果有无影响？同样分子量的样品，支化度大的分子和线型分子哪个先流出色谱柱？

附注：色谱条件及仪器使用

【仪器简介】

Water Breeze 凝胶渗透色谱仪是一部集成化、自动化和快速化测量分子量及其分布的仪器。仪器的主要部件及其作用如下。

① 1515HPLC泵 溶剂传输系统，可以恒比例洗脱。

② 717plus自动进样器 用于48(4)或96(2)盘位自动进样。

③ Styragel色谱柱 由HR1、HR3和HR4（尺寸为7.8mm×300mm）3种型号串联，可分离不同分子量的聚合物样品。

④ 柱温箱 保持柱温恒定。

⑤ 2417示差折光检测器 用于连续监测参比池中溶液的折射率之差，得出样品浓度。

⑥ 计算机 控制各种参数（如柱温、流量等），记录和分析实验数据。

【操作步骤】

1. 仪器准备

(1) 开机

打开计算机，开启仪器各部件的电源开关，待各部件自检完毕后，计算机上将出现操作界面。

(2) 放置样品

打开自动进样器盖子，待进样器所发出的响声停止后，取出样品盘，将样品按顺序从1号开始放入样品盘中，再将样品盘放回自动进样器。

(3) 设定参数

柱温：40℃；流量，1mL/min。

2. 建立样品组与运行

(1) 建立样品组

在样品组（Sample Quene）界面下，单击"Open Sample Set Method"，从列表中选择"My Sample Set"，然后单击"Open"，一个样品组方法将出现在"Sample Quene"工作区中，在此基础上修改，确保输入的信息正确后，从"File"菜单中选择"Save Sample Set Method"，在"Name"文本框中输入样品组方法的名称（如"ABC"），然后单击"Save"。

（2）运行方法

单击采集栏中的"Run Current Sample Set Method"，将出现"Run Sample Set"对话框，在"Name for this Sample Set"中输入样品组名，在"Settings for this Sample Set"中选择"Run Only"，则该方法开始运行，"Sample Quene"工作区将切换到"Running"表，而当前正在运行的样品组显示为红色。

按照以上方法分别测定标准聚苯乙烯样品组和未知聚苯乙烯试样样品组的数据。

（3）实验数据处理

① 建立处理方法　在主菜单界面上单击命令栏中的"Find Data"，将出现查找数据的界面。这时，在"Sample Set"下选取要处理的样品所在的样品组，双击。选最小分子量的标准样品数据双击，再双击，出现对话框，单击"Yes"后界面将出现该标样的色谱图。单击"Processing Parameters Wizard"又出现一个对话框，单击"Start New Processing Parameters"后按"OK"。使用鼠标左键，放大所关注的色谱峰，选择合适的积分参数，在以后出现的对话框分别选择"Relative"和"5th Order"，在"Method Name"中输入所建方法的文件名（如XYZ，下文将用XYZ文件名为例），然后单击"Finish"，并从"File"菜单中选择"Save all"存储该方法。

② 建立校正曲线　单击命令栏上的"Find Data"，在"Sample Set"下选中要处理的标准样品所在的样品组，双击。选择所需处理的所有标准样品数据，单击 ▣ ，出现图示的画面，然后进行如下操作。在"Use Specified Method"对话框内选择刚建立的处理方法名（XYZ），单击"OK"，则建立了一条校正曲线。在"Result"下单击"Update"则出现刚处理的标准样品名，双击，则出现该标样的色谱图，单击 ⚒ ，出现该标样的保留时间，单击 ⚒ ，出现该标样的分子量信息，如对自动积分的结果不满意，可以单击 ⚒ （即单击"Processing Parameters Wizard"），选择"Keep the Calibration Curve"，进行调整。单击 ⚒ 即可看到整条校正工作曲线。

③ 处理样品　单击命令栏上的"Find Data"，在"Sample Set"下选中要处理的未知聚苯乙烯试样所在的样品组，双击。选择所需处理的样品数据，单击 ▣ ，在"Use Specified Method"对话框内选择所需的处理方法名（XYZ），单击"OK"。在"Result"下按"Update"，则出现刚处理的未知聚苯乙烯试样样品名，双击，出现该样品的色谱图，点击 ⚒ ，出现该样品的保留时间，点击 ⚒ ，出现该样品的积分结果，即所需的分子量分布的信息。如对自动积分的结果不满意，可以单击 ⚒ （即单击"Processing Parameters Wizard"），选择"Keep the Calibration Curve"进行调整。

④ 打印报告　单击命令栏上的"Find Data",在"Result"下选择已处理好需要打印的未知聚苯乙烯试样样品,按 🔍 ,在出现的对话框中选择"Broad Unknown Universal"报告格式,单击"Print"选择页数范围,单击"OK"。

第二节　电化学分析法

电化学分析法（electrochemical analysis）是根据溶液中物质的电化学性质及其变化规律,建立在以电位、电导、电流和电量等物理量与被测物质某些量之间计量关系的基础之上,对组分进行定性和定量的仪器分析方法。

根据不同的分类条件,电化学分析法有不同的分类方法。

① 根据在某一特定条件下,化学电池中的电极电位、电量、电流、电压及电导等物理量与溶液浓度的关系进行分析的方法。例如,电位测定法、恒电位库仑法、极谱法和电导法等。

② 以化学电池中的电极电位、电量、电流和电导等物理量的突变作为指示终点的方法。例如,电位滴定法、库仑滴定法、电流滴定法和电导滴定法等。

③ 将试液中某一被测组分通过电极反应,使其在工作电极上析出金属或氧化物,称量此电沉积物的质量求得被测组分的含量。例如,电解分析法。

电化学分析法具有操作方便,仪器简单,易于自动化,分析速度快,选择性好,灵敏度高等优点。随着纳米技术、表面技术、超分子体系以及新材料合成的发展和应用,电化学分析将向微量分析、单细胞水平检测、实时动态分析、无损分析以及超高灵敏和超高选择方向迈进。

一、电位滴定法

1. 方法概述

电位滴定法（potentiometric titration）是在滴定过程中通过测量电位变化以确定滴定终点的方法。和直接电位法相比,电位滴定法不需要准确测量电极电位值,因此,温度、液体接界电位的影响并不重要,其准确度优于直接电位法。普通滴定法依靠指示剂颜色变化来指示滴定终点,如果待测溶液有颜色或浑浊时,终点的指示就比较困难,或者根本找不到合适的指示剂。电位滴定法是靠电极电位的突跃来指示滴定终点。在滴定到达终点前后,滴液中的待测离子浓度往往连续变化 n 个数量级,引起电位的突跃,被测成分的含量仍然通过消耗滴定剂的量来计算。

使用不同的指示电极,电位滴定法可以进行酸碱滴定、氧化还原滴定、配位滴定和沉淀滴定。酸碱滴定时使用 pH 玻璃电极作指示电极；在氧化还原滴定中,可以铂电极作指示电极；在配位滴定中,若用 EDTA 作滴定剂,可以用汞电极作指示电极；在沉淀滴定中,若用硝酸银滴定卤素离子,可以用银电极作指示电极。在滴定过程中,随着滴定剂的不断加入,电极电位 E 不断发生变化,电极电位发生突跃时,说明滴定到达终点。用微分曲线比普通滴定曲线更容易确定滴定终点。进行电位滴定时,被测溶液中插入一个参比电极、一个指示电极组成工作电池。随着滴定剂的加入,由于发生化学反应,被测离子浓度不断变化,指示电极的电位也相应地变化。在等电点附近发生电位的突跃。因此测量工作电池电动势的变化，可确定滴定终点。

电位滴定法比起用指示剂的容量分析法有许多优越的地方，首先可用于有色或浑浊的溶液的滴定；在没有或缺乏指示剂的情况下，可用此法解决；还可用于浓度较稀的试液或滴定反应进行不够完全的情况；灵敏度和准确度高，并可实现自动化和连续测定，因此电位滴定法用途十分广泛。如果使用自动电位滴定仪，在滴定过程中可以自动绘出滴定曲线，自动找出滴定终点，自动给出体积，操作快捷方便。

2. 仪器设备

电位滴定法的仪器设备有滴定管、滴定池、指示电极、参比电极等。

电位滴定法的注意事项：

① 注意电极的选择　酸碱滴定：玻璃电极作指示电极，参比电极为甘汞电极；氧化还原滴定：铂电极作指示电极，参比电极为甘汞电极；沉淀滴定：根据不同的沉淀反应选择指示电极，参比电极为甘汞电极；配位滴定：铂电极作指示电极，参比电极为甘汞电极。

② 注意电极的维护。

3. 数据处理

① 绘制电位滴定曲线　电位滴定曲线即是随着滴定的进行，电极电位值（电池电动势）E 对标准溶液的加入体积 V 作图得到的图形。

② 根据作图的方法不同，电位滴定曲线有 4 种类型。E-V 曲线，拐点 e 即为等电点。拐点的确定：作两条与滴定曲线相切的 45°的直线，等分线与曲线的交点即是拐点。E_e 为等电点电位。V_e 为等电点所需加的标准溶液的体积。电位突跃范围和斜率越大，分析误差就越小。另外还有绘制 $(\Delta E/\Delta V)$-V 曲线法、二阶微商法和格氏作图法。

实验三十　$K_2Cr_2O_7$ 电位滴定法滴定硫酸亚铁铵溶液

【实验目的】

1. 熟悉用 $K_2Cr_2O_7$ 滴定 Fe(Ⅱ) 过程中电池电动势（或电极电位）的变化规律，绘制电位滴定曲线，确定滴定终点并计算 Fe(Ⅱ) 溶液的浓度。
2. 观察电位突跃与氧化还原指示剂变色的关系。
3. 测定 Fe^{3+}/Fe^{2+} 电对在不同介质中的条件电极电位。

【实验原理】

用 $K_2Cr_2O_7$ 溶液测定 Fe^{2+} 的反应为：

$$Cr_2O_7^{2-} + 6Fe^{2+} + 14H^+ \rightleftharpoons 2Cr^{3+} + 6Fe^{3+} + 7H_2O$$

对于这类氧化还原滴定可用铂电极作指示电极，饱和甘汞电极作参比电极组成原电池。电池电动势：

$$E_{电池} = E_+ - E_- = E_{Pt} - E_{SCE}$$

铂电极是惰性金属电极（常称为零类金属电极，又称氧化还原电极），其电极电位和溶液中氧化还原电对（Ox/Red）的活度比 (a_{ox}/a_{Red}) 存在 Nernst 关系。对 Fe^{3+}/Fe^{2+} 来说以下关系成立：

$$E_{Pt} = E_{Fe^{3+}/Fe^{2+}} = E^{\ominus\prime}_{Fe^{3+}/Fe^{2+}} + 0.0592 \text{Vlg} c_{Fe^{3+}}/c_{Fe^{2+}} (25℃)$$

滴定过程中，$c_{Fe^{3+}}/c_{Fe^{2+}}$ 随着滴定剂的加入而变化，因此电极电位（E）和电池电动势

($E_{电池}$) 也随之变化,在化学计量点附近产生突跃,所以 $E_{电池}$ (或 E) 对滴定剂的加入量 ($V_{K_2Cr_2O_7}$) 作图,即可得到电位滴定曲线。由电位滴定曲线可得到滴定终点和 Fe^{3+}/Fe^{2+} 电对的条件电极电位 ($E^{\ominus'}_{Fe^{3+}/Fe^{2+}}$)。该滴定用氧化还原指示剂二苯胺磺酸钠指示终点。

【仪器和试剂】

仪器:精密酸度计,烧杯,铂电极,饱和甘汞电极。

试剂:$K_2Cr_2O_7$ 标准溶液 ($c_{\frac{1}{6}K_2Cr_2O_7} = 0.0100$ mol/L),0.5% 二苯胺磺酸钠,3 mol/L H_2SO_4 溶液,6 mol/L HCl 溶液,$FeSO_4 \cdot (NH_4)_2SO_4$ 溶液 [4g $FeSO_4 \cdot (NH_4)_2SO_4$ 加入 10 mL 3 mol/L H_2SO_4 溶液和少量水使之溶解,再用水稀释至 1L]。

【实验步骤】

① 用移液管准确移取 10.00 mL $FeSO_4 \cdot (NH_4)_2SO_4$ 溶液于 150 mL 烧杯中,加入 3 mol/L H_2SO_4 溶液 10 mL,再加水 30 mL,加 1 滴 0.5% 二苯胺磺酸钠指示剂,将饱和甘汞电极和铂电极插入溶液中,放入磁子开始磁力搅拌,记录起始的电池电动势 (mV)。

② 以 $K_2Cr_2O_7$ 标准溶液滴定并记录与滴定消耗的 $K_2Cr_2O_7$ 标准溶液的体积对应的 $E_{电池}$ 值。$K_2Cr_2O_7$ 标准溶液的加入量分别为 1 mL、4 mL、7 mL、8 mL、8.5 mL、9 mL、9.3 mL、9.5 mL、9.6 mL、9.7 mL…直到产生电位突跃,突跃后以突跃点为对称点直至 $K_2Cr_2O_7$ 标准溶液过量 100%(注意观察指示剂的变色)。

③ 由以上实验数据绘制 $E_{电池}$-$V_{K_2Cr_2O_7}$ 曲线,确定终点 (V_{ep}),计算硫酸亚铁铵溶液的浓度。在上述电位滴定曲线上找到与 $1/2 V_{ep}$ 所对应的 E 电池值,此值与 E_{SCE} 之和即为该介质中 Fe^{3+}/Fe^{2+} 电对的条件电极电位 ($E^{\ominus'}_{Fe^{3+}/Fe^{2+}}$)。再准确吸取 10.00 mL 硫酸亚铁铵溶液,加入 10 mL 6 mol/L HCl 溶液,代替上次实验中所用的硫酸溶液,重复实验。由实验测定的电位滴定曲线同样可得到相应介质的 $E^{\ominus'}_{Fe^{3+}/Fe^{2+}}$,并与文献值比较。

【数据处理】

1. 在 1 mol/L H_2SO_4 介质中,以表格形式记录 E-V 数据,作 E-V 曲线,并计算 $E^{\ominus'}_{Fe^{3+}/Fe^{2+}}$,在图中用虚线标出所在位置,并与文献值比较。

$E^{\ominus'}_{Fe^{3+}/Fe^{2+}}$ /V	介质
0.68	1 mol/L H_2SO_4
0.68	1 mol/L HCl

H_2SO_4 介质中 E-V 数据记录:

E/mV	滴定剂加入量/mL

2. 在 1mol/L HCl 介质中，以表格形式记录 E-V 数据，填入下表，作 E-V 曲线，并计算 $E^{\ominus\prime}_{Fe^{3+}/Fe^{2+}}$，在图中用虚线标出所在位置，并与文献值比较。

HCl 介质中 E-V 数据记录：

E/mV	滴定剂加入量/mL

3. 计算硫酸亚铁铵试样溶液的浓度，与指示剂法的结果进行比较。

【思考题】

1. $Cr_2O_7^{2-}/Cr^{3+}$ 电对的条件电极电位能否用本实验的方法测定？为什么？

2. 由本实验的数据能否绘制溶液电位（E）和滴定剂加入量（V）的关系曲线？由 E-V 曲线如何求出 $E^{\ominus\prime}_{Fe^{3+}/Fe^{2+}}$？

3. 实验测定的 $E^{\ominus\prime}_{Fe^{3+}/Fe^{2+}}$ 值与文献值是否有差异？为什么？

二、离子选择性电极分析法

离子选择性电极（ISE）是一种以电位法测量溶液中某些特定离子活度的指示电极。通常所谓离子选择性电极，是指带有敏感膜的、能对离子或分子态物质有选择性响应的电极，使用此类电极的分析法属于电化学分析中的电位分析法。

各种离子选择性电极的构造随薄膜不同而略有不同，但一般都由薄膜及其支持体、内参比溶液（含与待测离子相同的离子）、内参比电极等组成。用离子选择性电极测定有关离子，一般都是基于内部溶液与外部溶液之间产生的电位差，即膜电位。

离子选择性电极的种类繁多，如具有氢离子专属性的玻璃电极、对 Na^+ 有选择性的钠离子玻璃电极、以氧化镧单晶为电极膜的氟离子选择性电极、以卤化银或硫化银等难溶盐沉淀为电极膜的各种卤素离子和硫离子选择性电极。

由于所需设备简单、轻便，适用于现场测量，易于推广，对于某些离子的灵敏度可达 10^{-6} 数量级，选择性好，因此离子选择性电极的发展极为迅速。

离子选择性电极具有如下优势：

① 操作方便，迅速，不损失试液体系，也适用于一些不宜用其他方法分析的样品，如有色或浑浊样品等。

② 仪器比较简单，轻便。

③ 较易用于流动监测和自动化检测。

④ 电极直接响应的是离子活度，不是浓度，故对生物、医学、化学更适用，尤其是现代微电试样技术的发展，使得细胞内检测也已成为可能。

实验三十一 离子选择性电极法测定水中的微量氟

【实验目的】
1. 了解用氟离子选择性电极测定水中微量氟的原理和方法。
2. 了解总离子强度调节缓冲溶液的意义和作用。
3. 掌握用标准曲线法和标准加入法测定水中微量 F^- 的方法。

【实验原理】
氟离子选择性电极是以氟化镧单晶片为敏感膜的指示电极,简称"氟电极",内装 0.1mol/L NaCl-NaF 内参比溶液和 Ag-AgCl 内参比电极,对溶液中的氟离子具有良好的选择性。图 4-3 为氟离子选择性电极示意图。

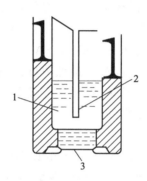

图 4-3 氟离子选择性电极示意图
1—0.1mol/L NaF-0.1mol/L NaCl 内充液;2—Ag-AgCl 内参比电极;3—LaF_3 单晶

当氟电极插入溶液中时,其敏感膜产生响应,在膜和溶液间产生一定的膜电位:

$$E_{膜}=K-(2.303RT/F)\lg a_{F^-}$$

在一定条件下,膜电位与 F^- 活度的对数值呈线性关系。当氟电极(作指示电极)与饱和甘汞电极(参比电极)插入被测溶液中组成原电池时,电池的电动势 $E_{电池}$ 在一定条件下与 F^- 活度的对数值呈线性关系:

$$E_{电池}=K'-\frac{2.303RT}{F}\lg a_{F^-}$$

式中,K' 值为包括内外参比电极电位、液接电位等的常数。通过测量电池电动势可以测定活度,但通常定量分析需要测量的是离子的浓度,不是活度,所以必须控制试液的离子强度。当溶液的总离子强度保持不变时,离子的活度系数为一定值,则上述方程可表示为:

$$E_{电池}=K''-\frac{2.303RT}{F}\lg c_{F^-}$$

$E_{电池}$ 与 F^- 浓度的对数值呈线性关系。

在酸性溶液中,H^+ 与部分 F^- 形成 HF 或 HF_2^-,降低了 F^- 的浓度;在碱性溶液中,LaF_3 薄膜与 OH^- 发生交换作用使溶液中 F^- 浓度增加。因此氟电极适用于测定的 pH 值范围为 5~8(视 F^- 浓度高低而定)。当 F^- 浓度在 10^{-6}~1mol/L 范围内,氟电极电位与 F^- 浓度的负对数呈线性关系。

【仪器和试剂】
仪器:精密酸度计,氟离子选择性电极,231 型饱和甘汞电极,电磁搅拌器,移液管

(1mL、5mL、25mL)，容量瓶（50mL、100mL），50mL 塑料烧杯，50mL 烧杯。

试剂：氟标准溶液（0.100mol/L）[准确称取于 120℃ 干燥 2h 并冷却的 NaF（分析纯）4.199g，溶于去离子水中，移入 1000mL 容量瓶中，用去离子水稀释至刻度摇匀，转入洁净、干燥的塑料瓶中储存]，总离子强度调节缓冲溶液 TISAB [在 1000mL 烧杯中加入 500mL 去离子水，再加入冰醋酸 57mL、柠檬酸钠（$Na_3C_6H_5O_7 \cdot 2H_2O$）12g、氯化钠 58g 搅拌使之溶解。将烧杯置于冷水浴中，缓缓加入 6mol/L NaOH 溶液，在酸度计中将溶液调至 pH=5.0～5.5，再将烧杯自冷水浴中取出放至室温，转入 1000mL 容量瓶，用去离子水稀释至刻度]。

【实验步骤】

1. 标准曲线的绘制

① 标准系列溶液的配制 移取 5mL 氟标准溶液（0.100mol/L）于 50mL 容量瓶中，加入 5mL TISAB 溶液，用去离子水稀释至刻度，混匀，此溶液为 10^{-2} mol/L 氟离子溶液。用逐级稀释法配成浓度为 10^{-3} mol/L、10^{-4} mol/L、10^{-5} mol/L、10^{-6} mol/L 的氟离子溶液的标准系列，逐级稀释时只需要加入 4.5mL TISAB 溶液。

② 标准曲线的绘制 将标准系列溶液中最低浓度的溶液转入干燥的塑料烧杯中，浸入氟电极和参比电极，在电磁搅拌下，待读数 1min 稳定不变时，记录其相应的电位值。从低浓度到高浓度逐一测量，并绘制标准曲线。

2. 样品测定

① 标准曲线法 取待测样品溶液 25mL 于 50mL 容量瓶中，加入 TISAB 溶液 5mL，用去离子水稀释至刻度，摇匀，全部转入一干燥塑料烧杯中，按"标准曲线的绘制"中的方法测定电位值，从标准曲线上查出被测液中 F^- 浓度，再计算原样品溶液中的氟含量。

② 标准加入法 准确吸取 50mL 水样于 100mL 容量瓶中，加入 10mL TISAB 溶液，用去离子水稀释至刻度，摇匀，吸取 50mL 于干燥塑料烧杯中，测定 E_1。在上述试液中准确加入 0.5mL 浓度约为 10^{-3} mol/L 的氟标准溶液，混匀，继续测定 E_2。在测定过 E_2 的试液中，加入 5mL TISAB 溶液及 45mL 去离子水，混匀，测定 E_3。

【数据处理】

1. 标准曲线法

以 $-\lg[F^-]$ 对 E 绘制标准曲线，从标准曲线上查出 $-\lg[F^-]$，从而得到被测液 F^- 浓度，再计算原样品溶液中氟含量。实验记录填入表中：

编号	1	2	3	4	5
pF					
E/mV					

被测液中氟离子浓度：_____ mol/L。

原样品溶液中氟离子浓度：_____ μg/mL。

2. 标准加入法

标准加入法是先测定试液的 E_1，然后将定量标准溶液加入此试液中，再测定其 E_2，根据下式计算氟含量：

$$c_x(\text{氟}) = \Delta c / [10^{(E_2-E_1)/S} - 1]$$

式中，Δc 为增加的 F^- 的浓度，$\Delta c = c_s V_s / (V_0 + V_s)$；$c_s$ 为加入的标准溶液浓度；V_s 为加入的标准溶液体积；V_0 为试液体积。V_s 通常很小，一般约为试液体积 V_0 的 1%。S 为电极响应斜率，即 $-\lg[F^-]$（或 pF），为改变一个单位所对应的电池电动势的变化（mV）。在理论上，$S = 2.303RT/(nF)$，实际测定值与理论值常有出入，因此最好进行测定，以免引入误差，测定方法是借稀释一倍的方法以测得实际响应斜率，即测出 E_2 后的溶液用水稀释一倍，然后测定 E_3，则电极在试液中的实际响应斜率为：

$$S = (E_2 - E_3)/\lg 2$$

将测得的 E_1、E_2、E_3 值代入上述公式，计算被测溶液中氟的浓度，再计算出原样品中氟含量，数据填入表中：

项目	E_1	E_2	E_3
电位值/mV			

c_x（氟）：_____ mol/L。

原样品溶液中氟离子浓度：_____ μg/mL。

【注意事项】

1. 氟离子选择性电极在使用前先在去离子水中浸泡活化数小时，使其空白电位为 -300mV 左右。

2. 测定时，应按从低浓度到高浓度的次序进行，每测定完一次，应当用去离子水冲洗电极，并用滤纸吸干。

3. 在高浓度溶液中测定后应立即在去离子水中将电极清洗至空白电位，才能测定低浓度溶液，否则会因迟滞效应影响测定准确度。

4. 电极不宜在浓溶液中长时间浸泡，每次使用完毕，应将它清洗至空白电位值才能存放，否则会因电极钝化而影响其检测下限。

【思考题】

1. 实验中加入总离子强度调节缓冲溶液（TISAB）的作用是什么？
2. 测定标准溶液时，为什么从稀到浓进行？

三、循环伏安法

1. 方法概述

循环伏安法（cyclic voltammetry）是一种常用的电化学研究方法。该法控制电极电势以不同的速率随时间以三角波形一次或多次反复扫描，电势范围是使电极上能交替发生不同的还原和氧化反应，并记录电流-电势曲线。根据曲线形状可以判断电极反应的可逆程度、中间体、相界吸附或新相形成的可能性，以及偶联化学反应的性质等，常用来测量电极反应参数，判断其控制步骤和反应机理，并观察整个电势扫描范围内可发生哪些反应，及其性质如何。对于一个新的电化学体系，首选的研究方法就是循环伏安法，可称之为"电化学的谱图"。本法除了使用汞电极外，还可以用铂、金、玻璃碳、碳纤维微电极以及化学修饰电极等。

2. 基本原理

如以等腰三角形的脉冲电压加在工作电极上，得到的电流电压曲线包括两个分支，如果前半部分电位向阴极方向扫描，电活性物质在电极上还原，产生还原波，那么后半部分电位向阳极方向扫描时，还原产物又会重新在电极上氧化，产生氧化波。因此一次三角波扫描，完成一个还原和氧化过程的循环，故该法称为循环伏安法，其电流-电压曲线图称为循环伏安图。如果电活性物质可逆性差，则氧化波与还原波的高度就不同，对称性也较差。循环伏安法中电压扫描速度可从每秒钟数毫伏到1V。工作电极可用悬汞电极或铂、玻碳、石墨等固体电极。

循环伏安法是一种很有用的电化学研究方法，可用于电极反应的性质、机理和电极过程动力学参数的研究，也可用于定量确定反应物浓度、电极表面吸附物的覆盖度、电极活性面积以及电极反应速率常数、交换电流密度、反应的传递系数等动力学参数。

3. 应用

① 电极可逆性的判断 循环伏安法中电压的扫描过程包括阴极与阳极两个方向，因此从所得的循环伏安图的氧化波和还原波的峰高和对称性中可判断电活性物质在电极表面反应的可逆程度。若反应是可逆的，则曲线上下对称，若反应不可逆，则曲线上下不对称。

② 电极反应机理的判断 循环伏安法还可研究电极吸附现象、电化学反应产物、电化学-化学偶联反应等，对于有机物、金属有机化合物及生物物质的氧化还原机理研究很有用。

所以，循环伏安法可以用来判断电极表面微观反应过程、判断电极反应的可逆性、作为无机制备和有机合成"摸条件"的手段，判断前置化学反应的循环伏安特征、后置化学反应的循环伏安特征、催化反应的循环伏安特征等。

实验三十二 循环伏安法测定铁氰化钾的电极反应过程

【实验目的】

1. 学习循环伏安法测定电极反应参数的基本原理及方法。
2. 了解电化学工作站及其使用。

【实验原理】

循环伏安法（CV）是最重要的电分析化学研究方法之一。在电化学、无机化学、有机化学、生物化学等研究领域得到了广泛应用。由于其设备价廉、操作简便、图谱解析直观，因而一般是电分析化学的首选方法。

循环伏安法是将循环变化的电压施加于工作电极和参比电极之间，记录工作电极上得到的电流与施加电压的关系曲线，这种方法也常称为三角波线性电位扫描方法。图4-4中表明了施加电压的变化方式：起扫电位为+0.8V，反向/起扫电位为-0.2V，终点又回扫到+0.8V，扫描速度可从斜率反映出来，其值为50mV/s。虚线表示的是第二次循环。现代循环伏安仪具有多种功能，可方便地进行一次或多次循环，可任意变换扫描电压范围和扫描速度。

当工作电极被施加的扫描电压激发时，其上将产生响应电流。以该电流（纵坐标）对电位（横坐标）作图，称为循环伏安图。

典型的循环伏安图如图4-5所示。该图是在1.0mol/L的KNO_3电解质溶液中，用$6×10^{-3}$mol/L的$K_3[Fe(CN)_6]$在Pt工作电极上反应得到的结果。

从图可见，起始电位E_i为+0.8V（a点），电位比较正的目的是避免电极接通后$[Fe(CN)_6]^{3-}$发生电解。然后沿负的电位扫描（如箭头所指方向），当电位至$[Fe(CN)_6]^{3-}$可还原时，即析出电位，将产生阴极电流（b点）。其电极反应为：

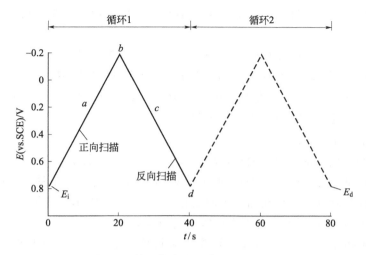

图 4-4 循环伏安法的典型激发信号

三角波电位，转换电位为 0.8V 和 −0.2V（vs. SCE）

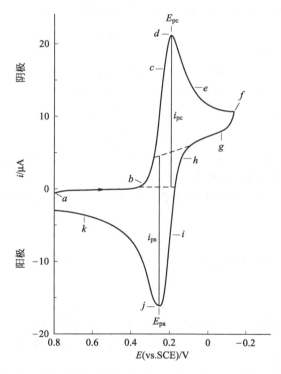

图 4-5　$6×10^{-3}$ mol/L $K_3[Fe(CN)_6]$ 在 1mol/L KNO_3 溶液中的循环伏安图

（扫描速度 50mV/s，铂电极面积 2.54mm²）

$$[Fe(CN)_6]^{3-} + e^- \longrightarrow [Fe(CN)_6]^{4-}$$

随着电位的变负，阴极电流迅速增加（bcd），直至电极表面的 $[Fe(CN)_6]^{3-}$ 浓度趋近于零，电流在 d 点达到最高峰。然后迅速衰减（def），这是因为电极表面附近溶液中的 $[Fe(CN)_6]^{3-}$ 几乎全部因电解转变为 $[Fe(CN)_6]^{4-}$ 而耗尽，即所谓的贫乏效应。当电压扫至 −0.15V（f 点）处，虽然已经开始阳极扫描，但这时的电极电位为负值，扩散至电极表面的 $[Fe(CN)_6]^{3-}$ 仍在不断还原，故仍呈现阴极电流，而不是阳极电流。当电极电位继续正向变化至[Fe(CN)$_6$]$^{4-}$的析出电位时，聚集在电极表面附近的还原产物[Fe(CN)$_6$]$^{4-}$被氧化，其反应为：

$$[Fe(CN)_6]^{4-} - e^- \longrightarrow [Fe(CN)_6]^{3-}$$

这时产生阳极电流。阳极电流随着扫描电位正移迅速增加，当电极表面的[Fe(CN)$_6$]$^{4-}$浓度趋于零时，阳极电流达到峰值（j 点）。扫描电位继续正移，电极表面附近的[Fe(CN)$_6$]$^{4-}$耗尽，阳极电流衰减至最小（k 点）。当电位扫至+0.8V 时，完成第一次循环，获得了循环伏安图。

简而言之，在正向扫描（电位变负）时，[Fe(CN)$_6$]$^{3-}$在电极上还原产生阴极电流而指示电极表面附近其浓度变化的信息。在反向扫描（电位变正）时，产生的[Fe(CN)$_6$]$^{4-}$重新氧化产生阳极电流而指示其是否存在和发生的变化。因此，CV 能迅速提供电活性物质电极反应过程的可逆性、化学反应历程、电极表面吸附等许多信息。

循环伏安图中可得到的几个重要参数是：阳极峰电流（i_{pa}）、阴极峰电流（i_{pc}）、阳极峰电位（E_{pa}）和阴极峰电位（E_{pc}）。测量确定 i_p 的方法是：沿基线作切线外推至峰下，从峰顶作垂线至切线，其间高度即为 i_p（见图 4-5）。E_p 可直接从横轴与峰顶对应处而读取。

对可逆氧化还原电对的式量电位 $E^{\ominus'}$ 与 E_{pa} 和 E_{pc} 的关系可表示为：

$$E^{\ominus'} = (E_{pa} + E_{pc})/2 \tag{4-1}$$

而两峰之间的电位差值为：

$$\Delta E_p = \Delta E_{pa} - \Delta E_{pc} \approx 0.059/n \tag{4-2}$$

对铁氰化钾电对，其反应为单电子过程，ΔE_p 是多少？从实验求出来与理论值比较。对可逆体系的正向峰电流，由 Randles-Savcik 方程可表示为：

$$i_p = 2.69 \times 10^5 n^{3/2} A D^{1/2} v^{1/2} c \tag{4-3}$$

式中，i_p 为峰电流，A；n 为电子转移数；A 为电极面积，cm^2；D 为扩散系数，cm^2/s；v 为扫描速度，V/s；c 为浓度，mol/L。

根据上式，i_p 与 $v^{1/2}$ 和 c 都是直线关系，对研究电极反应过程具有重要意义。在可逆电极反应过程中：

$$i_{pa}/i_{pc} \approx 1 \tag{4-4}$$

对一个简单的电极反应过程，式(4-2)和式(4-4)是判别电极反应是否是可逆体系的重要依据。

【仪器和试剂】

仪器：CHI660E 伏安仪，三电极系统（工作电极，辅助电极，参比电极），烧杯。

试剂：铁氰化钾标准溶液（5.0×10^{-2} mol/L），氯化钾溶液（1.0mol/L）。

【实验步骤】

1. 铁氰化钾试液的配制

准确移取 0mL、0.25mL、0.50mL、1.0mL 和 2.0mL 2.0×10^{-2} mol/L 的铁氰化钾标准溶液于 10mL 的小烧杯中，加入 1.0mol/L 的氯化钾溶液 1.0mL，再加蒸馏水稀释至 10mL。

2. 循环伏安曲线的测定

① 打开 CHI660A 伏安仪和计算机电源。屏幕显示清晰后，再打开 CHI660A 的测量窗口。

② 测量铁氰化钾试液：置电极系统于 10mL 烧杯的铁氰化钾试液里。

③ 打开 CHI660E 的"Setup"下拉菜单,在"Technique"项选择"Cyclic Voltammetry"方法,选择"Parameters"内的参数,在指导老师的帮助下进行。

④ 完成上述各项,再仔细检查一遍无误后,点击"▲"进行测量。完成后,命名存储。强调的是:测量每种浓度的试液的扫描速度为 25mV/s、50mV/s、100mV/s、200mV/s 的伏安图,共 4 种浓度,至少测量 16 次(铁氰化钾浓度为 0 的试液除外)。

【数据处理】

1. 绘制出同一扫描速度下铁氰化钾浓度(c)与 i_{pa} 与 i_{pc} 的关系曲线。
2. 绘制出同一铁氰化钾浓度下 i_{pa} 和 i_{pc} 与相应的 $u^{1/2}$ 的关系曲线。

【思考题】

1. 铁氰化钾浓度与峰电流(i_p)是什么关系?而峰电流(i_p)与扫描速度(v)又是什么关系?
2. 峰电位(E_p)与半波电位($E_{1/2}$)和半峰电位($E_{p/2}$)相互间是什么关系?

第三节 毛细管电泳法

1. 方法概述

毛细管电泳(capillary electrophoresis,CE)又称高效毛细管电泳(high performance capillary electrophoresis,HPCE),是以弹性石英毛细管为分离通道,以高压直流电场为驱动力,依据样品中各组分之间淌度和分配行为上的差异而实现分离的电泳分离分析方法。毛细管电泳实际上包含电泳、色谱及其交叉内容,它使分析化学得以从微升水平进入纳升水平,并使单细胞分析,乃至单分子分析成为可能。

在普通毛细管电泳条件下,电渗流从正极流向负极。Zeta 电势越大、双电层越薄、电荷密度越大、黏度越小,电渗流越大。一般电渗流速度是电泳速度的 5~7 倍。因此,在毛细管电泳中利用电渗流可将正、负离子和中性分子一起朝一个方向产生差速迁移,在一次 CE 操作中同时完成正、负离子的分离测定。由于电渗流的大小和方向可以影响 CE 分离的效率、选择性和分离度,所以成为优化分离条件的重要参数。电渗流的细小变化将严重影响 CE 分离的重现性(迁移时间和峰面积)。所以,电渗流的控制是 CE 操作中的一项重要任务。用来控制电渗流的方法主要有:改变缓冲溶液的成分和浓度;改变缓冲溶液的 pH 值;加入添加剂;毛细管内壁改性——物理或化学方法涂层及动态去活;外加径向电场;改变温度等。

毛细管电泳有多种分离模式:毛细管区带电泳、毛细管凝胶电泳、胶束电动毛细管色谱、亲和毛细管电泳、毛细管电色谱、毛细管等电聚焦电泳、毛细管等速电泳等。毛细管电泳的多种分离模式,给样品分离提供了不同的选择机会,这对复杂样品的分离分析是非常重要的。

2. 毛细管电泳仪

毛细管电泳仪包括进样系统、两个缓冲液槽、高压电源、检测器、控制系统和数据处理系统。

每次进样之前毛细管要用不同溶液冲洗,选用自动冲洗进样仪器较为方便。进样方法有压力(加压)进样、负压(减压)进样、虹吸进样和电动(电迁移)进样等。进样时通过控制压力或电压及时间来控制进样量。

毛细管电泳所用的石英毛细管中，内径 $50\mu m$ 和 $75\mu m$ 两种使用较多。细内径管分离效果好，且焦耳热小，允许施加较高电压，但若采用柱上检测，因光程较短，检测限比粗内径管要差。毛细管长度称为总长度，根据分离度的要求，可选用 $20\sim100cm$ 长度，进样端至检测器间的长度称为有效长度。毛细管常放在管架上，控制在一定温度下操作，以控制焦耳热。操作缓冲液的黏度和电导度，对测定的重复性很重要。

两个电极槽里放入操作缓冲液，分别插入毛细管的进口端与出口端以及铂电极，铂电极接至直流高压电源，正负极可切换。

直流高压电源采用 $0\sim30kV$（或相近）可调节直流电源，可供应约 $300\mu A$ 电流，具有稳压和稳流两种方式可供选择。

检测器有紫外-可见分光光度检测器、激光诱导荧光检测器、电化学检测器和质谱检测器，其中紫外-可见分光光度检测器最为常用。

3. 影响毛细管电泳分离效率的因素

(1) 缓冲溶液

缓冲溶液的选择主要由所需的 pH 值决定，在相同的 pH 值下，不同缓冲溶液的分离效果不尽相同，有的可能相差甚远。CE 中常用的缓冲溶液有：磷酸盐、硼砂或硼酸、乙酸盐等。缓冲溶液的浓度直接影响电泳介质的离子强度，从而影响 Zeta 电势，而 Zeta 电势的变化又会影响到电渗流。缓冲溶液浓度增大，离子强度增加，双电层厚度减小，Zeta 电势降低，电渗流减小，样品在毛细管中停留时间变长，有利于迁移时间短的组分的分离，分析效率提高。同时，随着电解液浓度的增大，电解液的电导将大大高于样品溶液的电导而使样品在毛细管上产生堆积的效果，增强样品的富集现象，增加样品的容量，从而提高分析灵敏度。但是，电解液浓度太高，电流增大，由于热效应而使样品组分峰形扩展，分离效果反而变差。此外，离子还可以通过与管壁作用以及影响溶液的黏度、介电常数等来影响电渗，离子强度过高或过低都对提高分离效率不利。

(2) pH 值

缓冲体系 pH 值的选择依样品的性质和分离效率而定，是决定分离成败的一大关键。不同样品需要不同的 pH 分离条件。控制缓冲体系的 pH 值，一般只能改变电渗流的大小。pH 能影响样品的解离能力，样品在极性强的介质中解离度增大，电泳速度也随之增大，从而影响分离选择性和分离灵敏度。pH 值还会影响毛细管内壁硅醇基的质子化程度和溶质的化学稳定性，pH 值在 $4\sim10$ 之间，硅醇基的解离度随 pH 值的升高而升高，电渗流也随之升高。因此，pH 值为分离条件优化时不可忽视的因素。

(3) 分离电压

高电压是实现 CE 快速、高效的前提，电压升高，样品的迁移加大，分析时间缩短，但毛细管中焦耳热增大，基线稳定性降低，灵敏度降低；分离电压越低，分离效果越好，但分析时间延长，峰形变宽，导致分离效率降低。因此，相对较高的分离电压会提高分离度和缩短分析时间，但电压过高又会使谱带变宽而降低分离效率。电解质浓度相同时，非水介质中的电流值和焦耳热均比水相介质中小得多，因而在非水介质中允许使用更高的分离电压。

(4) 温度

温度影响分离重现性和分离效率，控制温度可以调控电渗流的大小。温度升高，缓冲液黏度降低，管内壁硅醇基解离能力增强，电渗速度变大，分析时间缩短，分离效率提高。但温度过高，会引起毛细管内径向温差增大，焦耳热效应增强，柱效降低，分离效率也降低。

（5）添加剂

在电解质溶液中加入添加剂，例如中性盐、两性离子、表面活性剂以及有机溶剂等，会引起电渗流的显著变化。表面活性剂常用作电渗流的改性剂，通过改变浓度来控制电渗流的大小和方向，但当表面活性剂的浓度高于临界胶束浓度时，将形成胶束。加入有机溶剂会降低离子强度，Zeta 电势增大，溶液黏度降低，改变管壁内表面电荷分布，使电渗流降低。在电泳分析中，缓冲液一般用水配制，但用水-有机混合溶剂常常能有效改善分离度或分离选择性。

（6）进样方式

CE 的常规进样方式有两种：流体力学进样和电迁移进样。电迁移进样是在电场作用下，依靠样品离子的电迁移或电渗流将样品注入，故会产生电歧视现象，会降低分析的准确性和可靠性，但此法尤其适用于黏度大的缓冲液情况。流体力学进样是普适方法，可以通过虹吸、在进样端加压或检测器端抽空等方法来实现，但选择性差，样品及其背景同时会进入毛细管，对后续分离可能产生影响。

（7）进样时间

通过进样时间也可以来改善分离效果，进样时间过短，峰面积太小，分析误差大。进样时间过大，样品超载，进样区带扩散，会引起峰之间的重叠，与提高分离电压一样，分离效果变差。

实验三十三 毛细管电泳法测定饮料中苯甲酸和山梨酸的含量

【实验目的】

1. 掌握毛细管电泳法的基本原理。
2. 熟悉 Beckman P/ACE MDQ 毛细管电泳仪以及其 32Karat 工作站的使用方法。
3. 掌握毛细管电泳法测定苯甲酸和山梨酸含量的方法。

【实验原理】

苯甲酸和山梨酸是广泛使用在饮料、调味品中的防腐剂，由于此类防腐剂带有一定的负效应，甚至还有微量毒素，使用不当会给人体带来危害，应严格限制其在食品中的添加量，所以其检测工作也变得极其重要。

毛细管电泳（CE）技术是以高电场为驱动力，在细内径毛细管内荷电粒子按其淌度或分配系数的不同而进行分离的一种新技术。毛细管电泳具有高效快速、进样体积小、溶剂消耗少和样品预处理简单等优点，现已广泛用于分离分析领域。传统的食品添加剂的测定一般采用气相色谱（GC）和高效液相色谱（HPLC）法，当采用 GC 与 HPLC 分析时一般都必须对样品进行复杂的前处理。而 CE 与之相比，实验成本低，分析时间短，适用范围宽，可同时分离和检测多个组分。

本实验使用的毛细管区带电泳法（CZE），在毛细管中仅填充缓冲液，基于溶质组分的迁移时间或淌度的不同而分离，除了溶质组分本身的结构特点和缓冲溶液组成，不存在其他因素如聚合物网络、pH 梯度的影响。实验采用硼砂为缓冲液，待测饮料只需用缓冲液稀释，在特定的条件下，以峰高为定量依据，测定 3 种待测饮料中苯甲酸的含量。

【仪器和试剂】

仪器：Beckman P/ACE MDQ 毛细管电泳仪，容量瓶，烧杯。

试剂：硼砂缓冲溶液（45mmol/L），NaOH 溶液（0.1mol/L），HCl（0.1mol/L），苯甲酸钠和山梨酸钠的混标溶液（1mg/mL），市售 3 种果汁饮料。

【实验步骤】

1. 制作标准曲线

分别吸取上述苯甲酸钠和山梨酸钠混标储备液 0.5mL、1mL、2mL、3mL、4mL 于 50mL 容量瓶中，加去离子水稀释至刻度，配制成折合苯甲酸、山梨酸浓度为 $10\mu g/mL$、$20\mu g/mL$、$40\mu g/mL$、$60\mu g/mL$、$80\mu g/mL$ 的标准溶液，在上述实验条件下，测各苯甲酸的峰值和山梨酸的峰值，绘制各标准曲线。

2. 样品分析样品的处理

取适量饮料于小烧杯中，在超声波中超声除气。碳酸饮料除气 30~40min，非碳酸饮料除气 15~20min。准确移取超声除气的 3 种市售饮料各 5mL 于 50mL 容量瓶中并以去离子水稀释至刻度，在上述实验条件下进样，根据谱图，测定峰值。

3. 加标回收

根据饮料测定的山梨酸和苯甲酸的含量，设计加标回收。

4. 仪器操作

(1) 开机

① 接通电源，打开毛细管电泳仪开关，打开计算机，点击桌面"32Karat"操作软件图标，点击"DAD"检测器图标，进入毛细管电泳仪控制界面。

② 将分别装有 0.1mol/L 盐酸水溶液、1mol/L 氢氧化钠水溶液、硼砂缓冲液、重蒸水依次放入左边缓冲液托盘（Inlet）并记录对应的位置。

③ 将装有硼砂缓冲液及空的缓冲液瓶放入右边缓冲液托盘（Outlet），记录对应的位置。

④ 将装有待检测样品的缓冲液瓶放入左侧样品托盘，记录对应的位置。

⑤ 检查卡盘和样品托盘是否正确安装。关好托盘盖，注意直接控制图像屏幕上是否显示卡盘和托盘盖已安装好。此时应能听到制冷剂开始循环的声音。

(2) 石英毛细管的处理

① 在直接控制屏幕上点击压力区域，出现对话框。

② 设置 Pressure、Duration、Direction、Pressure Type、Tray Positions 等参数。点击"OK"，瓶子移到指定的位置，开始冲洗。冲洗完成后，毛细管已处理好，毛细管中充满运行缓冲液。

(3) 方法编辑

① 先进入"32Karat"主窗口，用鼠标右键单击所建立的仪器，选择"Open Offline"，几秒后会打开仪器离机窗口。

② 从文件菜单选择"File Method New"，在方法菜单选择"Method Instrument Setup"进入方法的仪器控制和数据采集模块。选择其中一个为"Initial Condition"（初始条件）的选项卡，进入初始条件对话框。在这个对话框中输入用于仪器开始运行时的参数。

(4) 序列的建立

① 从仪器窗口选择"File/Sequence/New"，打开序列向导，按要求选择。

② 点击"Finish",出现新建的序列表。
(5) 系统运行
① 在系统运行前,检查仪器的状态:检测器配置是否正确;灯是否点着;样品和缓冲液是否放置正确。
② 从菜单选择"Control/Single Run"或点击图标打开单个运行对话框。
③ 在仪器窗口的工具条上点击绿色的双箭头,打开运行序列对话框。
(6) 关机
① 关闭氘灯。
② 点击"Load",使托盘回到原始位置。
③ 打开托盘盖,待冷凝液回流后关闭控制界面。
④ 关闭毛细管电泳仪开关,关闭计算机,切断电源。
(7) 注意事项
仪器运行过程中产生高压,严禁打开托盘盖。

【数据记录与处理】

标准曲线的线性拟合常数要求大于0.99,记录原始数据,并求算样品中苯甲酸的含量,与国家标准所规定的果汁饮料中苯甲酸含量上限 1mg/mL 进行对比。碳酸饮料含量上限 0.2mg/mL,饮料中山梨酸含量上限 0.5mg/mL。

【思考题】

1. 为何选用硼砂作为缓冲液?硼酸浓度是否会对实验结果产生影响?
2. 实验中各实验条件为什么必须严格保持一致?

第四节 光谱分析法

光谱分析法(spectral analysis)是利用光谱学的原理和实验方法以确定物质的结构和化学成分的一种分析方法。各种结构的物质都具有自己的特征光谱,光谱分析法就是利用特征光谱研究物质结构或测定化学成分的方法。

光谱分析法主要有原子发射光谱法、原子吸收光谱法、紫外-可见吸收光谱法、红外吸收光谱法等。用物质粒子对光的吸收现象而建立起来的分析方法称为吸收光谱法,如紫外-可见吸收光谱法、红外吸收光谱法和原子吸收光谱法等。利用发射现象建立起的分析方法称为发射光谱法,如原子发射光谱法和荧光发射光谱法等。根据电磁辐射的本质不同,光谱分析法又可分为分子光谱法和原子光谱法。

由于不同物质的原子、离子和分子的能级分布是特征的,则吸收光子和发射光子的能量也是特征的。以光的波长或波数为横坐标,以物质对不同波长光的吸收或发射的强度为纵坐标所描绘的图像,称为吸收光谱或发射光谱。可利用物质在不同光谱分析法的特征光谱进行定性分析,根据光谱强度进行定量分析。

一、紫外-可见光谱法

1. 方法概述

紫外-可见光谱,简称紫外光谱,是吸收光谱的一种。紫外光谱是最早应用于有机结构鉴定的物理方法之一，也是常用的一种快速、简便的分析方法，广泛应用于有机化学、生物化学、石油化工、药物化学、食品检验、医药卫生、环境保护、生命科学等各个领域。它在确定有机化合物的共轭体系、生色基和芳香性等方面有独到之处。

该方法的基本原理是不同的分子对光的吸收具有选择性，所以，当经色散后的光通过某一溶液时，其中某些波长的光就会被溶液吸收，光强度发生衰减。通过测定样品池前后光强度的变化可得到紫外-可见光谱。

紫外可见光可分为 3 个区域：远紫外区，10～200nm；紫外区，200～400nm；可见光区，400～800nm。

在紫外-可见光谱中，溶液中物质的浓度与光能量减弱的程度符合朗伯-比耳定律。

$$T = \frac{I}{I_0}$$

$$A = \lg \frac{I_0}{I} = \varepsilon b c$$

式中，T 为透射率；I_0 为入射光强度；I 为透射光强度；A 为吸光度；ε 为吸收系数；b 为溶液的光径长度；c 为溶液的浓度。

从以上公式可以看出，当入射光、吸收系数和溶液的光径长度一定时，吸光度与溶液浓度存在线性关系。

2. 紫外-可见光谱仪

目前通用的紫外-可见光谱仪是自动记录式光电分光光度计，这种仪器以平衡型为多，可以进行包括紫外区和可见光区吸收光谱的测定，能自动地连续记录样品的吸收光谱，具有灵敏性高、快速、易操作的特点，一般与计算机配套使用。

(1) 仪器构造

各种型号的紫外-可见光谱仪，无论是简易型还是非简易型，都由光源、单色器、样品池、检测器和记录装置以及计算机组成。

① 光源　紫外-可见光谱仪的光源通常有两个：可见光光源和紫外光源。可见光光源一般选择钨灯（波长范围 325～2500nm）或卤钨灯（为延长灯的使用寿命，在钨灯中加入适量的卤素或卤化物）。紫外光源可选择氘灯、氢灯（波长范围 165～375nm）、氙灯及汞灯。近年来，也有采用激光作光源的。

② 单色器　单色器由入射狭缝、色散系统和出射狭缝组成。色散系统的作用是使不同波长的光以不同的角度发散，常用的色散元件是棱镜或用激光全息技术制成的全息光栅。棱镜简单便宜，但产生的色散是非线性的，且色散角度随温度改变而改变，所以现代仪器通常用全息光栅代替棱镜。全息光栅产生的色散角度与波长呈线性关系且与温度无关。

③ 检测器　检测器将光信号转化为电信号，理想的检测器应具有线性响应范围宽、噪声低、灵敏度高的特点。紫外-可见光谱仪一般使用光电倍增管或光电二极管检测，有的也使用一个二极管阵列代替单个检测器。

(2) 仪器的分类及使用

紫外-可见光谱仪有单光束和双光束之分，单光束仪器光路简单，成本低，光通量高，灵敏度高。仪器使用时，依次测定空白试剂和样品，若测量时间较长，光源漂移会产生较大的误差。双光束仪器的设计正是为了消除测量空白试剂和不同样品池之间由光源强度漂移引起的误差。

实验室现有三种型号的紫外-可见光谱仪，分别是 TU-1901 双光束紫外-可见光谱仪、T9S 双光束紫外-可见光谱仪、TU-1810 紫外-可见光谱仪，均为北京普析通用仪器公司生产，可独立完成光度测量、光谱扫描、定量测定、DNA 及蛋白质测量及数据打印等各项功能。

① 仪器使用方法

a. 开机　　打开计算机的电源开关，进入 Windows 操作环境。确认样品室中无挡光物。打开主机电源开关，用鼠标单击"开始"选择程序"UVwin5 紫外软件 V6.0"，进入仪器控制程序，出现初始化工作界面。计算机将对仪器进行自检并初始化，每项自检完成后，在相应的项后显示"√"，整个初始化过程需要 4min 左右，仪器需预热 20min。

b. 基线校正　　为保证仪器在测量中基线平直和测光准确性，每次测量前需要进行基线校正或自动调零。

c. 暗电流校正　　当样品侧插入黑挡板时，透光度应为 0，如有误差需进行暗电流校正。选择"测量"菜单中的"暗电流校正"项，在整个波长范围内进行暗电流校正并存储数据。

d. 设置测量参数　　选择"应用"菜单中的"测量模式"（光谱测量、光度测量、定量测量、时间扫描和光谱带宽扫描四种模式），选择"配置"菜单中的"参数"项，设置测量参数。

e. 将比色皿放置在样品室中单击"Read"（或"Start"）进行测量，保存数据。比色皿的材质有两种，玻璃和石英，可见光区可以选用玻璃比色皿（比色皿上有 G 标志），紫外光区必须选用石英比色皿（比色皿上有 S 或 Q 标志）。双光束紫外-可见光谱仪的参比光路在里，测量光路在外。

f. 测量结束后，关闭测量窗口，关闭仪器主机电源，然后正确退出 Windows 并关闭计算机电源，取出比色皿并进行冲洗。

g. 清理仪器，保持仪器干净、整洁。

② 注意事项

a. 紫外-可见光谱仪为精密电子仪器，应稳固放置在实验台上，避免仪器振动，实验室内不得放置腐蚀性试剂，仪器应防潮，避免阳光直射。仪器使用前请认真阅读使用说明书，机内有高压电源，严禁带电插拔零部件，如违反操作规程，可能导致仪器损坏或伤人。

b. 测量过程中，仪器上不得放置书本等杂物，更不得在仪器上放置溶液，测量过程中禁止打开样品室盖子。

c. 仪器随机配有一对比色皿，专机专用，禁止随意更换。取用比色皿时手拿比色皿的毛玻璃面，禁止触碰光学面。比色皿内液体要低于比色皿高度的 2/3，比色皿外壁的液体用擦镜纸吸干，比色皿勿盛装腐蚀性的液体，若盛装挥发性液体必须盖上盖子。测量完毕，比色皿必须清洗干净（严禁用超声）。

3. 数据处理

（1）定性分析

紫外光谱中吸收峰少，给定性带来困难，不能单独鉴别未知物，但可将参比光谱与被测光谱比较来确定某种物质的存在。

（2）定量分析

只有在紫外-可见光区有吸收的物质才可以进行定量分析，ε 越大，越有利于紫外定量分析。进行单组分测定时可选用绝对法、标准对照法、吸光系数法、标准曲线法等。不进行预先分离进行多组分测定时，可采用等吸收点作图法、y 参比法、解联立方程法、多波长作图法等。

实验三十四　邻菲啰啉分光光度法测定铁

【实验目的】

1. 通过分光光度法测定铁的条件实验，学会如何选择分光光度分析的条件。
2. 掌握邻菲啰啉分光光度法测定铁的原理和方法。
3. 了解 TU-1810 分光光度计的构造和使用方法。

【实验原理】

邻菲啰啉（简写为 phen，又名邻二氮杂菲）是测定微量铁的一种较好的试剂。在 pH 值为 2~9 的范围内，Fe^{2+} 与邻菲啰啉反应生成极稳定的橘红色配合物 $[Fe(phen)_3]^{2+}$，配合物的稳定常数 $lgK_{稳} = 21.3(20℃)$，反应式如下：

$$3\,phen + Fe^{2+} \longrightarrow [Fe(phen)_3]^{2+}$$

该配合物的最大吸收峰在 510nm 处，摩尔吸光系数 $\varepsilon_{510} = 1.1 \times 10^4$ L/(mol·cm)。Fe^{3+} 与邻菲啰啉也能生成 3:1 的淡蓝色配合物，其 $lgK_{稳} = 14.1$。因此，在显色之前应预先用盐酸羟胺 $NH_2OH \cdot HCl$ 将 Fe^{3+} 还原成 Fe^{2+}，其反应式如下：

$$2Fe^{3+} + 2NH_2OH \cdot HCl == 2Fe^{2+} + N_2\uparrow + 2H_2O + 4H^+ + 2Cl^-$$

测定时，控制溶液的酸度在 pH≈5 较为适宜。酸度高，反应进行较慢；酸度太低，则 Fe^{2+} 水解，影响显色。

本测定方法不仅灵敏度高，稳定性好，而且选择性高。相当于铁量 40 倍的 Sn(Ⅱ)、Al(Ⅲ)、Ca(Ⅱ)、Mg(Ⅱ)、Zn(Ⅱ)、Si(Ⅳ)，20 倍的 Cr(Ⅵ)、V(Ⅴ)、P(Ⅴ)，5 倍的 Co(Ⅱ)、Ni(Ⅱ)、Cu(Ⅱ) 对 Fe^{2+} 的测定不产生干扰。

分光光度法测定物质含量时，通常要经过取样、显色及测量等步骤。为了使测定有较高的灵敏度和准确度，必须选择适宜的显色反应条件和吸光度的测量条件。通常所研究的显色反应条件有溶液的酸度、显色剂用量、显色时间、温度、溶剂以及共存离子干扰及其消除方法等。测量吸光度的条件主要是测量波长、吸光度范围和参比溶液的选择。

【仪器和试剂】

仪器：TU-1810 型紫外-可见分光光度计（北京普析通用公司），精密酸度计，烧杯，容量瓶，25mL 比色管，50mL 聚四氟乙烯滴定管，吸量管（1mL、2mL、5mL，100mL 烧杯）。

试剂：100μg/mL 铁标准溶液（称取 0.864g 分析纯硫酸铁铵于小烧杯中，以 30mL 2mol/L 的 HCl 溶解后转移至 1000mL 容量瓶中，以水稀释至刻度，摇匀），10μg/mL 铁标准溶液（移取 10mL 100μg/mL 铁标准溶液于 100mL 容量瓶中，稀释至刻度，摇匀），

100g/L 盐酸羟胺（不稳定，现用现配），1g/L 邻菲啰啉，1mol/L NaAc 溶液，2mol/L HCl 溶液，0.1mol/L NaOH 溶液。

【实验步骤】

1. 条件实验

(1) 最大吸收波长的确定

准确吸取 10μg/mL 铁标准溶液 2.50mL 于 25mL 比色管中，加入 100g/L 盐酸羟胺溶液 0.5mL，摇匀，加入 2.5mL 1mol/L NaAc 溶液和 1.5mL 1g/L 邻菲啰啉溶液，加水稀释至刻度，摇匀，放置 10min。在 TU1810 紫外-可见分光光度计上，用 1cm 比色皿，以水为参比溶液，波长从 400～570nm 进行波长扫描。打印得到的吸收曲线并确定最大吸收波长。

(2) 邻菲啰啉-亚铁配合物稳定性的测定

用步骤 (1) 中溶液继续测定配合物的稳定性，其方法是在最大吸收波长 510nm 处，每隔一定时间测定其吸光度，即在加入显色剂后立即测定一次吸光度，显色 5min、10min、20min、30min、60min 后，各测一次吸光度，然后以吸光度 A 为纵坐标，时间 t 为横坐标，绘制 A-t 曲线。此曲线表示了该配合物的稳定性。

(3) 显色剂用量的确定

取 25mL 比色管 7 支，编号。每支比色管中准确加入 2.50mL 10μg/mL 铁标准溶液以及 0.5mL 100g/L 盐酸羟胺溶液。2min 后，再加入 2.5mL 1mol/L NaAc 溶液，然后分别加入 1g/L 邻菲啰啉溶液 0.15mL、0.30mL、0.50mL、0.80mL、1.00mL、1.50mL 和 2.00mL，用水稀释至刻度，摇匀，放置 10min。在分光光度计（设置波长为 510nm）上，用 1cm 比色皿，以水作参比，测定上述各溶液的吸光度。然后以吸光度 A 为纵坐标，加入的邻菲啰啉试剂的体积 V 为横坐标，绘制 A-V 曲线，确定显色剂的最佳用量。

(4) pH 的确定

准确吸取 5mL 100μg/mL 铁标准溶液于 100mL 容量瓶中，加入 5mL 2mol/L HCl 溶液，10mL 100g/L 的盐酸羟胺溶液，2min 后加入 3mL 1g/L 邻菲啰啉溶液，以溶剂水稀释至刻度，摇匀，备用。

取 25mL 比色管 7 支，编号，用吸量管分别准确吸取上述溶液 5mL 于各比色管中。在滴定管中装 0.1mol/L NaOH 溶液，然后分别在 7 支比色管中加入 0.1mol/L NaOH 溶液 0.0mL、1.0mL、1.5mL、2.0mL、3.0mL、4.0mL 及 5.0mL，以水稀释至刻度，摇匀，使各溶液的 pH 值从小于 2 开始逐步增加至 12 以上，放置 10min。在分光光度计（设置波长为 510nm）上，用 1cm 比色皿，以水为参比测定吸光度 A，用酸度计测定各比色管中溶液的 pH 值。最后以吸光度为纵坐标，pH 值为横坐标，绘制 A-pH 曲线。确定测定的最佳 pH 值。

2. 铁含量的测定

(1) 标准曲线的绘制

取 25mL 比色管 6 支，编号。分别吸取 10μg/mL 的铁标准溶液 2.00mL、4.00mL、6.00mL、8.00mL、10.00mL 于 5 支比色管中，另一支比色管中不加铁标准溶液（作参比）。然后各加入 1.0mL 100g/L 盐酸羟胺溶液，摇匀，2min 后，再各加入 5.0mL 1mol/L NaAc 溶液及 3.0mL 1.0g/L 邻菲啰啉溶液，用水稀释至刻度，摇匀，放置 10min。在分光光度计上用 1cm 比色皿，在最大吸收波长处测定各溶液吸光度，以 A 为纵坐标，铁含量 c 为横坐标绘制标准工作曲线。

(2) 未知液中铁含量测定

吸取 5.00mL 未知液代替标准溶液，其他步骤同上，测定吸光度，在标准曲线上确定其浓度然后计算未知样中的 Fe 含量，单位为 mg/L。

注意：步骤（1）、（2）两项的溶液配制和吸光度测定宜同时进行。

【数据处理】

1. 显色反应最佳条件的测定

分别绘制：①A-λ 吸收曲线；②A-t 曲线；③A-V 曲线；④A-pH 值曲线。从曲线上确定测定的适宜波长、最佳时间、显色剂最适宜的加入量和适宜的 pH 值范围。

(1) 最大吸收波长

λ_{max} = _____（吸收曲线打印，附在实验报告后）。

(2) 配合物的稳定性

吸光度 A 与时间 t 的关系：

时间/min	加入显色剂立即测定	5	10	20	30	60
吸光度 A						

(3) 显色剂用量的确定

吸光度 A 与显色剂用量 V 的关系：

显色剂用量/mL	0.15	0.30	0.50	0.80	1.00	1.50	2.00
吸光度 A							

(4) pH 值的确定

吸光度 A 与 pH 值的关系：

pH 值							
吸光度 A							

2. 铁含量的测定

绘制标准曲线，并从标准曲线上得出未知样品溶液中铁含量。

加入标准溶液的体积 V/mL	2.00	4.00	6.00	8.00	10.00
Fe^{2+} 浓度 c/(μg/mL)					
吸光度 A					

未知样品中 Fe^{2+} 浓度 c：_____。

3. 对上述结果进行分析并作出结论

例如：从吸收曲线可得出，邻菲啰啉亚铁配合物在波长 510nm 处吸光度最大，因此测定铁时宜选用的波长为 510nm 等。

【思考题】

1. 邻菲啰啉分光光度法测定铁的适宜条件是什么？
2. 显色时，还原剂、缓冲溶液、显色剂的加入顺序是否可以颠倒？为什么？
3. 如用配制已久的盐酸羟胺溶液，对测定结果将带来什么影响？

实验三十五　紫外分光光度法测定苯酚

【实验目的】

1. 了解紫外-可见分光光度计结构、性能及使用方法。
2. 熟悉紫外分光光度法对试样进行定性和定量测定的方法。

【实验原理】

苯酚是一种剧毒物质，可以致癌，已经被列入有机污染物的黑名单。一些药品、食品添加剂、消毒液等产品中均含有一定量的苯酚。如果其含量超标就会产生很大的毒害作用。苯酚在紫外光区的最大吸收波长 $\lambda_{max}=270nm$。对苯酚溶液进行扫描时，在270nm处有较强的吸收峰。

定性分析时，可在相同条件下对标准品和未知样品进行波长扫描，通过比较未知样品和标准样品的光谱图对未知样进行鉴定。在没有标准品的情况下可根据标准谱图或有关的电子谱图数据表进行比较。

苯酚的定量分析是在270nm处测定不同浓度苯酚的标准样品的吸光度值，并自动绘制标准曲线。再在相同条件下测定未知样品的吸光度值，根据标准曲线可得出未知样中苯酚的含量。

【仪器和试剂】

仪器：TU1810型紫外-可见分光光度计（北京普析通用公司），50mL比色管，比色皿，吸量管（1mL、10mL）。

试剂：1.000g/L 苯酚溶液（准确称取1.0000g苯酚，用适量水溶解然后转移至1000mL容量瓶中，定容，混匀。）

【实验步骤】

1. 开机自检

打开仪器及打印机电源，进行仪器自检。待仪器自检结束进入操作主界面。

2. 吸收光谱的绘制

（1）仪器参数设置

光度测量形式：吸光度值（A）；扫描范围：190～400nm；扫描速度：快；扫描间隔：1nm。

（2）光谱扫描

参数设置完成后，在比色皿中放入蒸馏水进行基线校正，然后将蒸馏水换成苯酚溶液，进行光谱扫描，完成后打印苯酚的紫外吸收光谱。

3. 定量分析

① 系列标准溶液的配制　取5支洁净的比色管，用吸量管分别加入0.50mL、1.00mL、1.50mL、2.00mL、2.50mL的苯酚溶液（1.000g/L），用蒸馏水定容至50mL，混匀。

② 仪器参数设置　测定形式：吸光度A；波长：270nm。

③ 以蒸馏水为参比溶液，测定系列标准溶液的吸光度值，绘制标准工作曲线。测定未知液的吸光度值，根据标准工作曲线计算未知液中苯酚的含量。

【数据处理】

1. 苯酚的紫外吸收光谱。

2. 苯酚标准工作曲线的绘制及未知液测定。

编号	1	2	3	4	5	未知液
吸取苯酚溶液的体积/mL						—
浓度/(mg/L)						—
吸光度 A						

未知液中苯酚的浓度 c：_____ mg/L。

【思考题】
1. 紫外分光光度法定性、定量分析的依据是什么？
2. 紫外-可见分光光度计的主要组成部件有哪些？
3. 说明紫外分光光度法的特点及适用范围。

实验三十六 四溴双酚 A 存在时苯酚含量的紫外分光光度法测定

【实验目的】
1. 掌握等吸光度测量法消除干扰的原理。
2. 学会使用北京普析通用 TU-1810 紫外-可见分光光度计。

【实验原理】
分光光度法测定多组分混合物时，通过解联立方程，可求出各组分含量。然而，对吸收光谱相互重叠的两组分混合物，若只要测定其中某一组分含量，可利用等吸光度测量法达到目的。

对含有 M 和 N 两组分的试样，设它们的吸收光谱相互重叠。如要求测定 M 组分含量而消除 N 组分的干扰，则可从 N 的吸收光谱上选择两个波长 λ_1、λ_2，在这两波长处 N 组分具有相等的吸光度。即对 N 来说，不论其浓度是多少，$\Delta A_N = A_{\lambda_2} - A_{\lambda_1} = 0$。这样，就可从这两个波长测得 M 的吸光度差值 ΔA_M，确定 M 组分的含量，因为 ΔA 与 M 的浓度呈线性关系。这个方法就是等吸光度测量法。

由上可见，等吸光度测量法吸收曲线所选择的波长必须满足两个基本条件：
① 在这两波长处，干扰组分应具有相同的吸光度，即 ΔA_N 等于零；
② 在这两波长处，待测组分的吸光度差值 ΔA_M 足够大。

为了选择有利于测量的 λ_1、λ_2，应先分别测绘它们单一组分时的吸收光谱，再用作图法确定 λ_1 和 λ_2。在待测组分 M 的吸收峰处或其附近选择一测定波长 λ_1，作一垂直于 x 轴的直线，交于干扰组分 N 的吸收光谱上的某一点，再从此点画一平行于 x 轴的直线，在组分 N 的吸收光谱上便可得到一个或几个交点，交点处的波长可作为参比波长 λ_2。当 λ_2 有几个位置可供选择时，所选择的 λ_2 应能获得较大的待测组分的吸光度差值。

本实验中，四溴双酚 A 水溶液和苯酚水溶液的吸收光谱相互重叠，要求测定四溴双酚 A 存在下苯酚的含量。

【仪器和试剂】
仪器：TU-1810 型分光光度计（附 1cm 石英比色皿一对），50mL 比色管，10mL 吸量管，25mL 烧杯。

试剂：苯酚标准溶液（0.2500g/L），四溴双酚 A 标准溶液（0.260g/L），未知试样溶液。

【实验步骤】

1. 苯酚水溶液及四溴双酚 A 水溶液吸收光谱的绘制

分别用苯酚水溶液（0.2500g/L）和四溴双酚 A 水溶液（0.2600g/L），在 220～350nm 波长范围，以去离子水作参比溶液，测绘吸收光谱。将得到的两条吸收光谱绘于同一坐标上，选择合适的 λ_1 及 λ_2，再用四溴双酚 A 溶液复测其在波长 λ_1、λ_2 处的吸光度，验证是否相等。

2. 苯酚系列标准溶液的配制

取五个 50mL 比色管，分别加入 2.00mL、4.00mL、6.00mL、8.00mL、10.00mL 浓度为 0.2500g/L 的苯酚水溶液，用去离子水稀释至刻度，摇匀。

3. 苯酚水溶液的标准曲线绘制及未知试样溶液的测定

在所选择的测定波长 λ_2 及参比波长 λ_1 处，用去离子水作参比溶液，分别测量苯酚系列标准溶液及含有四溴双酚 A 的未知试样溶液的吸光度。

【数据处理】

1. 在同一坐标上绘制苯酚水溶液及四溴双酚 A 水溶液的吸收光谱，并选择合适的测定波长 λ_2 及参比波长 λ_1。

2. 求出系列标准溶液在两波长处吸光度的差值 $\Delta A_{\lambda_2-\lambda_1}$，并以它为纵坐标，苯酚水溶液的浓度 c 为横坐标，绘制标准曲线。由未知试样溶液的 $\Delta A_{\lambda_2-\lambda_1}$ 值，从标准曲线上求得未知试样溶液中苯酚的浓度（mg/L）。

编号	1	2	3	4	5	未知液
苯酚标准溶液加入量/mL	2.00	4.00	6.00	8.00	10.00	—
标准系列浓度/(mg/L)						—
波长 λ_1 处的吸光度值 A_1						
波长 λ_2 处的吸光度值 A_2						
$\Delta A_{\lambda_2-\lambda_1}$						

未知液中苯酚的浓度 c：_____ mg/L。

【思考题】

1. 本实验与普通的分光光度法有何异同？

2. 如需测定未知试样溶液中苯酚及四溴双酚 A 两组分的含量，应如何设计实验？测量波长应如何选择？

二、荧光分析法

1. 方法概述

分子发光分析法是基于被测物质的基态分子吸收能量被激发到较高电子能态后，在返回基态过程中，以发射辐射的方式释放能量，通过测量辐射光的强度，对被测物质进行定量测定的一类方法。基态分子激发至激发态所需要的能量可以通过多种方式提供，如光能、化学能、热能、电能等。当分子吸收了光能而被激发到较高能态，返回基态时发射出波长与激发光波长相同或不同的辐射现象称为光致发光。最常见的两种光致发光现象是荧光和磷光。分子受光能激发后，由第一电子激发单重态跃迁回到基态的任一振动能级时所发出的光辐射，称为分子荧光。由测量荧光强度建立起来的分析方法称为分子荧光分析法。

荧光分析法具有灵敏度高、选择性强、用样量少、方法简便、工作曲线线性范围宽等优点，广泛应用于生命科学、医学、药学和药理学、有机和无机化学等领域。

2. 荧光光谱仪

荧光光谱仪是用于扫描液相荧光标记物所发出的荧光光谱的一种仪器，能提供激发光谱、发射光谱以及荧光强度、量子产率、荧光寿命、荧光偏振等许多物理参数，从各个角度反映分子的成键和结构情况。通过对这些参数的测定，不但可以做一般的定量分析，而且还可以推断分子在各种环境下的构象变化，从而阐明分子结构与功能之间的关系。

荧光光谱仪的激发波长扫描范围一般是 190～650nm，发射波长扫描范围是 200～800nm，可用于液体、固体样品的光谱扫描。

(1) 仪器构造

荧光光谱仪主要由激发光源、试样池、单色器、检测器、计算机组成。

① 激发光源　目前大部分荧光光谱仪采用高压氙灯或高压汞灯作为光源。

② 单色器　单色器有滤光片和光栅两种，视仪器特点采用。

③ 检测器　光电管或光电倍增管。

(2) 使用方法及注意事项

① 不同仪器的使用方法各不相同，具体操作流程见各个实验。

② 荧光光谱仪使用注意事项

a. 荧光光谱仪应放在干燥的房间内，使用时放置在紧固平稳的工作台上，室内照明不宜太强。

b. 接通电源开关前，必须检查滤光片是否已安装在仪器上，否则光电管将受损。测试中，若需更换滤光片，必须先切断电源。

c. 荧光定量分析可采用直接比较法和工作曲线法。直接比较法是先测定已知浓度标准溶液的荧光强度，然后在相同条件下测定试样溶液的荧光强度，由标准溶液浓度和两个溶液荧光强度的比值求得试样中荧光物质的含量。当荧光强度和溶液浓度不完全呈线性关系时，则采用工作曲线法，即以已知量的标准物质经过和试样一样的处理后，配成一系列的标准溶液，测定这些溶液的荧光强度，以荧光强度对标准溶液浓度绘制工作曲线，然后测定试样的荧光强度，返查工作曲线，得出试样荧光物质的含量。

(3) 仪器的日常维护

a. 确保仪器具有稳定的工作电压，220V 电压要预先稳压，建议用户备一只 220V 稳压器。仪器接地要良好。

b. 放大器暗盒内有一干燥剂筒，应保持其干燥，发现硅胶变色应立即换新或加以烘干再用。另外样品室暗箱内应放两包硅胶，当仪器停止使用后也应该定期烘干。

c. 仪器停止使用后必须切断电源，关闭开关。

d. 为了避免仪器积灰和污染，在停止工作期间内，用塑料套罩住整个仪器，在塑料套内放置防潮硅胶。

3. F96 型荧光分光光度计

F96 型荧光分光光度计是上海棱光光学仪器公司的光学仪器产品，需要使用软件操作仪器。

(1) F96 型荧光分光光度计的使用方法

① 操作前检查电源、电压是否正常，检查仪器上次使用记录登记是否正常。

② 打开电源开关，先开氙灯开关，点燃氙灯。

③ 按住仪器上的任意键打开主机电源，直至 F96 面板上出现"F96"时放手，此时仪器上会出现"F96C"，表示主机联机成功。

④ 打开计算机电源，选择工作站，出现"是否要联机"的对话框，点击"Yes"（若点击"No"则进入脱机状态），随后出现"是否要初始化"的对话框，点击"Yes"，仪器进入初始化状态。

⑤ 待工作站初始化完毕，设定仪器工作状态参数。

⑥ 选择测量方式，测定曲线。

⑦ 测定样品。

⑧ 测定完毕，依次关闭计算机电源、主机电源、氙灯电源。

⑨ 安全关机后，清理台面，认真做好仪器使用登记。

(2) 详细操作步骤

① 定性分析（光谱曲线扫描）

ⅰ. 参数设置

鼠标点击菜单中的"参数设置"后出现"波长扫描参数设置"窗口，该窗口包括以下几项内容：倍率、扫描速度、狭缝宽度、扫描灵敏度、采样间隔、测量方式、绘图方式、重复次数、间隔时间、波长范围及纵坐标范围。

a. 设置倍率：荧光值的放大系数。例如，倍率为 1 时，荧光值为 2.0，当倍率调整到 5 时，则荧光值为 10.0。

b. 设置扫描速度：分高、中、低三挡做扫描预览；做精确扫描，需用"低速"。

c. 设置狭缝宽度：其值在测量中是不能变的，为 10nm。

d. 设置扫描灵敏度：不能被设置，只能代表前一扫描图谱所设置的灵敏度，不等同于仪器当前的灵敏度。

e. 设置采样间隔：分 4nm、2nm、1nm 三挡。做扫描预览，可选"4nm"，即每 4nm 采样一次；做精确扫描，需用"1nm"，即每 1nm 采样一次。

f. 设置绘图方式：分"覆盖"和"重叠"两种方式。前者是屏幕刷新后重新绘图，会提示上次图谱是否需保存；后者是重叠在上次扫描的谱图上（重复次数必须设置大于 1，否则下次扫描的图谱还是覆盖前一张）。本实验选择软件默认设置"覆盖"。

g. 设置重复次数：即重复扫描的次数。

h. 设置间隔时间：做时间扫描时用，做波长扫描时不用。

i. 设置波长范围：本仪器的激发光波长由所用滤光片决定（200～750nm 之间），仪器自带 365nm 的滤光片，不能在软件中设定。

j. 设置纵坐标范围：可先在默认的 0～100 范围内进行扫描预览，最后精确扫描时，可根据最大荧光波长处的荧光值来确定最大值。

ⅱ．波长扫描

将待测溶液放至光路中，点击"波长扫描"窗口中的"开始扫描"快捷键。

ⅲ．图谱处理

打开"图谱处理"，点击"峰谷检测"，输入灵敏度值（输入一个有效的峰谷限值，大于限值的峰能检出），成功时会在图谱上显示出峰谷点，再打开"图谱处理"，点击"峰谷点数据显示"，即在图谱上显示出峰谷数值。

ⅳ．文件保存

在"存储处理"菜单中，选择"存储谱图"或者"存谱图为…"，将数据保存为".w＄＄"后缀的文件；也可以在"显示设置"里选择，将窗口导出为"BMP"格式，或者可以选择"传送数据到Excel"，将数据保存为通用的Excel格式文件。

② 时间扫描

ⅰ．选择工作模式　鼠标左键点击下拉式菜单"工作模式"中的"时间扫描"，波长扫描窗口即切换为时间扫描窗口。

ⅱ．参数设置　鼠标左键点击菜单中的"参数设置"后，出现"时间扫描参数设置"窗口，"扫描时间"根据需要设置。"扫描间隔"扫描预览时，可设置得大一点（最大不能超过"扫描时间"）。精确扫描时，需设置得小一点（最小可设0.5s，即每0.5s采样一次）。其他参数可参见定性分析中的"参数设置"。参数设置好后，点击"确定"按钮。

ⅲ．设置荧光波长　鼠标左键点击"时间扫描"窗口中下方的"设定波长"快捷键，在跳出的对话框中输入所需波长值，点击"OK"，此时可见窗口左上方的波长跳至所需波长。

ⅳ．灵敏度设置　根据需要选择灵敏度挡，一般荧光值控制在20～50之间为宜。

ⅴ．调零　取空白溶液放入光路中，鼠标点击"时间扫描"窗口中的"调零"快捷键，此时可见窗口右上方的荧光值变为"0.0"。

ⅵ．时间扫描　参数设置好后，点击"时间扫描"窗口中的"开始扫描"快捷键。

ⅶ．保存文件　在"存储处理"菜单中，选择"存储谱图"或者"存谱图为…"，将谱图数据保存为".T＄＄"后缀的文件；也可以在显示设置里选择将窗口导出为"BMP"格式，或者可以选择"传送数据到Excel"将数据保存为通用的Excel格式文件。

③ 定量分析（标准曲线制作）

ⅰ．选择工作模式　鼠标左键点击下拉式菜单的"工作模式"中的"定量分析"，跳出"定量分析"窗口。

ⅱ．设置荧光波长　在"定量分析"窗口的下拉式菜单"参数设置"中选择"波长设置"，在跳出的对话框中输入所需波长后，点击"确定"。

ⅲ．设置标准样品的浓度　鼠标左键点击窗口中的"标样设置"快捷键，在"标样设置"对话框中，按照浓度从小到大依次输入"标样名"和"浓度"后按"设定"按钮，输入完成后按"退出"按钮。此时，在定量分析窗口左侧的"标样框"中，分别列出已输入的标样数值。在此组标样测试完成后，请先在"参数设置"的"波长设置"中重新输入下一个标样的波长，然后在数据处理中点击"清除标样数据和样品数据"，最后再设置新的标样数据。

ⅳ．测量系列标准溶液　先将1号试样放入光路中，鼠标双击"定量分析"窗口左侧的"标样栏"中的第一行，几秒后，相应的"荧光值"就会出现在样品浓度后面。重复上述过程，直到测出1～6系列标准溶液的荧光值（测试时当前工作状态在软件下方有显示）。

ⅴ．建立工作曲线　点击下拉式菜单中的"曲线类型"，选择曲线类型（默认为一次曲线），再点击下拉式菜单"数据处理"中的"工作曲线建立"，即得工作曲线窗口。在工作曲线下方有"工作曲线方程"和"相关系数"。

ⅵ．未知样的测定 将未知浓度样品放入光路中，关闭或者最小化"工作曲线窗口"，在"定量分析"窗口中点击快捷键"样品测试"按钮，样品的荧光值和浓度就出现在窗口右侧的"样品栏"。再换下一个样品，同样操作即可。可连续测定多个未知浓度样品。

ⅶ．保存文件 在"数据处理"菜单中选择"保存定量文件"或者"将定量文件保存为…"，将标样栏的数据保存为".Q＄＄"后缀的文件；或者可以选择"传送数据到Excel"，将数据保存为通用的Excel格式文件。

注意：未知样品浓度测量时的测试条件应和绘制标准曲线图谱的仪器设定条件完全一致。

ⅷ．退出工作站及关机 当测量结束要关机时，首先计算机要退出工作站，这时可以打开"文件"菜单，用鼠标单击"退出"项。计算机退出工作站后，就可以按照计算机关机要求关闭计算机。

(3) F96型荧光分光光度计使用注意事项

① 氙灯稳定使用的时间为150h，氙灯使用超过400h后，必须换氙灯。因此，使用仪器过程中要做好使用氙灯的时间记录，以作为更换氙灯的依据。

② 更换氙灯时应先将AC（交流）电源线从电源插头上拔下，若用手触摸了氙灯灯管，一定要用浸有酒精的脱脂棉等擦干净。

③ 若试样池支架沾了强酸，应将前板提起，卸下支架固定螺钉将试样池支架从主机上卸下后，用水冲洗然后干燥。及时将有机溶剂从试样池倒出，冲洗干净，保证试样池内不残余所用试剂后，放置于指定位置。

④ 仪器开机后须预热30min才可做样品分析，以使测得的结果较稳定。

⑤ 在扫描过程测定时，一般定性分析可选用快速扫描，定量分析可选用慢速扫描。一般选择慢速扫描，精确度比较高。

⑥ 使用与荧光光度计配套的石英皿时，严禁用手指触摸透光面。应当手持石英皿的对棱角，不能接触透光面，严禁用硬纸和抹布擦拭透光面，只能使用滤纸吸干水珠，再用镜头纸轻轻擦拭透光面，直到洁净透明。测定系列溶液时，通常按由稀到浓的顺序测定。

实验三十七 荧光法测定维生素B_2的含量

【实验目的】

1. 通过实验，加强对荧光分析法基本原理的理解；了解荧光光度计的构造，学习测定荧光物质的激发光谱和荧光光谱。

2. 学习荧光光度计的操作技术，掌握其使用方法。

3. 学习荧光分析法测定维生素B_2含量的方法。

【实验原理】

维生素B_2又称核黄素，是橘黄色无臭的针状晶体，易溶于水而不溶于乙醚等有机溶剂，在中性或酸性溶液中稳定，光照易分解，对热稳定。

由于维生素B_2母核上N_1和N_5间具有共轭双键，增加了整个分子的共轭程度，因此维生素 B_2 是一种具有强烈荧光特性的化合物。

维生素 B_2 的激发光谱及荧光光谱如图 4-6 所示。在 430～440nm 蓝光照射下，维生素 B_2 会发出绿色荧光（峰值波长为 535nm）。在 pH 值为 6～7 的溶液中维生素 B_2 的荧光最强，在 pH=11 时荧光消失。

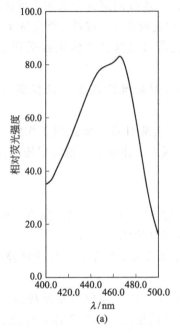 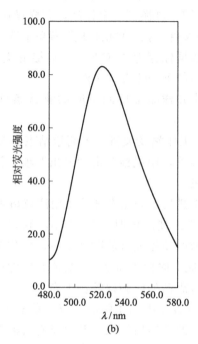

图 4-6　维生素 B_2 的激发光谱 (a) 及荧光光谱 (b)

荧光物质的激发光谱是指在该物质荧光最强的发射波长处改变激发光波长测定荧光强度的变化，以激发光波长为横坐标，荧光强度为纵坐标所得的曲线。一般情况下，激发光谱与荧光物质的吸收光谱相似，因此，只要查阅荧光物质的吸收光谱或先将其在分光光度计上测定吸收光谱，便可确定被测物质合适的激发波长。荧光光谱是在固定的激发光的波长及强度下，所得荧光的强度随波长的变化曲线。荧光滤光片的选择应根据荧光物质的荧光光谱、激发光波长、溶剂的拉曼光波长来决定，如激发光源波长为 365nm，得到荧光光谱峰值波长为 450nm 时，可选择透光界限为 420nm 的截止型滤光片，它能透过 450nm 的荧光，而将波长小于 420nm 的激发光（365nm）及水的拉曼光（360nm）的影响除去。

实验应首先选择激发滤光片，它的最大透射率波长应与被测物质激发光谱的最大峰值相近。滤光片选择的基本原则是使测量能获得最强荧光，且受背景影响最小。

在低浓度时，维生素 B_2 在 535nm 处测得的荧光强度与其浓度成正比：

$$I_F = Kc$$

本实验采用标准曲线法来测定维生素 B_2 的含量。

【仪器和试剂】

仪器：F96 Pro 型荧光光度计（附液槽一对、滤光片一盒），容量瓶，比色皿，50mL 比色管，10mL 吸量管。

试剂：10.0μg/mL 维生素 B_2 标准溶液（称取 10.0mg 维生素 B_2，先溶于少量的 1% 乙酸溶液中，再转移到 1000mL 容量瓶中，稀释至刻度、摇匀。溶液应保存在棕色瓶中，置于阴凉处）。

【实验步骤】

1. 系列标准溶液的配制

取 5 个 50mL 比色管，分别加入 1.00mL、2.00mL、3.00mL、4.00mL、5.00mL、10.0μg/mL 维生素 B_2 标准溶液，加水稀释至刻度，摇匀。

2. 标准曲线的绘制

在荧光光度计（仪器使用方法见本实验后附注内容）上选择合适的激发滤光片与荧光滤光片，在激发波长 365nm、发射波长 540nm 处，用 1cm 的荧光比色皿，以蒸馏水作空白，将读数调至零，测量系列标准溶液的荧光强度。

3. 未知试样的测定

将未知浓度的试样溶液置于比色皿中，在绘制标准曲线时的相同条件下测量荧光强度。

【数据处理】

1. 记录标准系列溶液的荧光强度 F 并绘制标准曲线。

实验项目	1	2	3	4	5
吸取维生素 B_2 标准溶液的体积/mL	1.00	2.00	3.00	4.00	5.00
维生素 B_2 浓度 $c/(\mu g/mL)$					
荧光值 F					

标准曲线方程：_____；线性回归系数 R^2：_____。

2. 记录未知试样的荧光强度，并从标准曲线上求得其浓度。

未知样品溶液荧光值 F：_____；未知样品中维生素 B_2 浓度 c：_____μg/mL。

【思考题】

1. 在荧光测量时，为什么激发光的入射方向与荧光的接收方向不在一条直线上，而成一定角度？

2. 根据维生素 B_2 的结构特点，进一步说明能发生荧光的物质一般应具有什么样的分子结构？

附注：F96 Pro 荧光分光光度计使用方法

【开机】

① 打开计算机。

② 打开氙灯电源。

③ 打开仪器主机电源。

a. 若先开主机后开计算机，则不会进行联机操作。

b. 每次使用前需开机预热 30min。

④ 打开软件，进行自检。

【软件操作】

① 默认工作模式为"波长扫描"。

② 向比色皿中加入空白溶液，放入仪器，点击下方"调零"按钮。

③ 将所配制的最大浓度的标准溶液加入比色皿中，放入仪器后，调节"增益"，使其在最大发射波长时的荧光值位于 300～400 之间，或最接近 300～400（一般增益为 5 挡、6 挡

或 7 挡)。

④ 得到波长扫描图谱后，点击上方"峰谷检测"按钮，输入灵敏度（可以将灵敏度理解为荧光值，及只会检测出荧光值大于所输入的灵敏度的峰值）。

⑤ 点击"峰谷点数据显示"按钮，记录最高峰时对应的最大激发波长（此处屏幕上有两个数值，前一个为最大发射波长，后一个为此波长下的荧光值，这里需要记录最大发射波长）。

⑥ 点击工作模式，选择"定量分析"。

⑦ 点击右下角"设定波长"，输入"波长扫描"得到的最大激发波长。

⑧ 增益调节挡位与"波长扫描"相同。

⑨ 重复"调零"操作。

⑩ 点击"标样设置"，输入"样品名、浓度、单位"，点击添加，同样的方法添加其他标准样品，点击完成。

⑪ 将标样放入样品池，再放入仪器，双击标准样品表格中对应样品后的荧光值一栏，即可得到对应的荧光值。

⑫ 待所有标样测试完毕，点击上方"曲线类型"，选择"一次曲线"和"待定系数法"。

⑬ 点击上方"数据处理"，点击"工作曲线建立"。

⑭ 关闭工作曲线窗口，将未知样品加入样品池，放入仪器。

⑮ 点击下方"样品测定"，即可测出未知样品的荧光值及浓度。

实验三十八　硫酸奎宁的激发光谱和发射光谱的测定

【实验目的】

1. 掌握激发光谱和发射光谱的概念及其测定方法。
2. 学习荧光光谱仪的构造和基本原理。
3. 了解荧光光谱仪的操作技术。

【实验原理】

任何荧光物质都具有激发光谱和发射光谱，由于斯托克斯位移，荧光发射波长总是大于激发波长，并且由于处于基态和激发态的振动能级几乎具有相同的间隔，分子和轨道的对称性都没有改变，荧光化合物的荧光发射光谱和激发光谱呈大同小异的"镜像对称"关系。

激发光谱是通过测量荧光体的发光通量随波长变化而获得的光谱，它是荧光强度对激发波长的关系曲线，可以反映不同波长激发光引起荧光的相对效率；荧光发射光谱是当荧光物质在固定的激发光源照射后所产生的分子荧光，它是荧光强度对发射波长的关系曲线，可提供荧光的最佳测定波长。由于各种不同的荧光物质有各自特定的荧光发射波长，所以，可以以此来鉴别荧光物质。

根据荧光物质激发光谱中的最大激发波长来绘制荧光光谱曲线。同一荧光物质的分子荧光发射光谱曲线的波长范围不因它的激发波长值的改变而改变。固定最大激发波长值，测定不同发射波长时的荧光强度，即得荧光发射光谱曲线和最大荧光发射波长值。

硫酸奎宁分子具有喹啉环结构，其结构为：

$$\left[\begin{array}{c} \text{结构式:} \text{H}_3\text{CO-喹啉-CH(OH)-(奎宁碱基)-CH=CH}_2 \end{array} \right]_2 \cdot \text{H}_2\text{SO}_4 \cdot 2\text{H}_2\text{O}$$

其自身可产生较强的荧光，而且稳定性好，可以用荧光光谱仪测定其激发光谱和发射光谱。另外，在荧光分析法中，常采用其一定浓度的标准溶液来校准仪器在紫外-可见光范围内的灵敏度。

【仪器和试剂】

仪器：日立 F4600 荧光光谱仪，石英比色皿。

试剂：硫酸奎宁标准溶液（0.1μg/mL）。

【实验步骤】

① 按仪器使用方法开机，进行自检和预热。

② 将硫酸奎宁标准溶液置于石英比色皿中。

③ 分别测定硫酸奎宁的激发光谱和发射光谱。

【数据处理】

将数据导出，用 origin 分别作硫酸奎宁的激发光谱和发射光谱，粘贴于此处。

【注意事项】

1. 实验前认真学习 F-4600 荧光光谱仪的使用方法。

2. 开机时，先开主机开关，点燃氙灯，再开计算机。

3. 关机时，先关氙灯，再关计算机，10～20min 后再关仪器总开关。

三、红外光谱分析法

1. 方法概述

红外光谱是一种分子吸收光谱，光谱曲线形状与分子的结构密切相关，可研究分子的振动和转动跃迁，称为分子振转光谱，也常称为分子振动光谱，是化合物鉴定和结构分析的常用手段。

红外光谱分析的基本原理：分子中的某些基团或化学键在不同化合物中所对应的谱带波数基本上是固定的或只在小波段范围内变化，因此许多有机官能团，例如甲基、亚甲基、羰基、氰基、羟基、氨基等在红外光谱中都有特征吸收。通过红外光谱测定，人们就可以判定未知样品分子中存在哪些有机官能团，为最终确定未知物的分子结构奠定基础。当样品受到频率连续变化的红外光照射时，分子吸收了某些频率的辐射，并由其振动或转动引起偶极矩的变化，产生分子振动和转动能级从基态到激发态的跃迁，使相应于这些吸收区域的透射光强度减弱。记录红外线透射被测物质的百分透射比与波数或波长的关系曲线，就可以得到红外光谱。人们采集了成千上万种已知化合物的红外光谱，并把它们存入计算机中，编辑成红外光谱标准谱图库。只需把测得未知物的红外光谱与标准库中的红外光谱进行比对，就可以迅速判定未知化合物的成分。

红外光谱与紫外光谱都属于吸收光谱，是由于化合物分子中的基团吸收特定波长的电磁波引起分子内部的某种振动，用仪器记录对应的入射光强度和出射光强度的变化而得到的光谱图，与其他光谱法相比，具有以下特点：

① 红外光谱是依据样品在红外光区吸收谱带的位置、强度、形状、个数，并参照谱带与溶剂、聚集态、浓度等关系来推测分子中某种官能团的存在。

② 红外光谱不破坏样品，样品的任何形态均可分析，如气体、液体、可研细的固体、薄膜状固体，制样方便，测定简单。

③ 特征性强。红外光谱信息多，可对不同结构的化合物给出特征性谱图，从"指纹区"可以确定化合物的异同。

④ 分析时间短，样品用量少且可回收。

⑤ 可与分离设备联用，如 GC-FTIR，为复杂的多组分样品分析提供有效的工具。

2. 红外光谱仪

红外光谱仪是一种通过测量物质对红外线的吸收来进行定性、定量分析的仪器，其型号、规格有多种，在化学、化工、物理、能源、材料、生物、医学、农业等的分析测定中有十分广泛的应用。

(1) 仪器构造

① 光源　红外光谱仪中所用的光源通常是一种惰性固体，用电加热使之发射高强度连续红外辐射。常用的有能斯特灯和硅碳棒两种。

② 单色器　红外单色器由一个或几个色散元件（棱镜或光栅，主要用光栅）、可变的入射和出射狭缝，以及用于聚焦和反射光束的反射镜构成，一般不使用透镜，以免产生色差。

③ 检测器　因红外光谱区的光子能量较弱，不足以引发光电子发射，因此光电管或光电倍增管不适用于红外光谱仪。常用的红外检测器有真空热电偶、热释电检测器和汞镉碲检测器。真空热电偶是色散型红外光谱仪上常用的检测器，傅里叶变换红外光谱仪常用的检测器有热释电检测器和汞镉碲检测器。

(2) 使用方法（以 FT-IR 200 为例）

FT-IR 200 傅里叶变换红外光谱仪是美国尼高力公司在 20 世纪 70 年代发展起来的新一代红外光谱仪。它具有以下特点：一是扫描速度快，可以在 1s 内测得多张红外谱图；二是光通量大，可以检测透射率较低的样品，可以检测气体、固体、液体、薄膜和金属镀层等样品；三是分辨率高，便于观察气态分子的精细结构；四是测定光谱范围宽，只要改变光源、分束器和检测器的配置，就可以得到整个红外区的光谱。

FT-IR 200 傅里叶变换红外光谱仪的使用方法如下：

① 打开稳压电源，确认电压为 220V，依次打开显示器、光学台、打印机、计算机主机电源开关。

② 进入 Windows 界面以后，双击 "OMNICE. S. P." 进入操作软件界面。

③ 检查软件界面右上角光学台状态是否处于正常，有 "√" 表示光学测量系统正常。

④ 设置仪器参数，一般可采用系统默认参数。仪器需预热 20min 后方可进行光谱采集。

⑤ 单击 "背景采集"，进行背景扫描。

⑥ 打开样品窗，将待测样品装入样品固定架，置入样品窗中，单击 "样品采集" 进行样品扫描，屏幕上出现样品的红外吸收谱图。

⑦ 单击 "自动寻峰"（Find Peaks），仪器会自动标出谱图中谱峰波数。

⑧ 如要在谱图上添加注解，可单击标题栏前面的 "i" 图标，在 "注解框"（Comments）填写注解文字。

⑨ 单击 "Print" 工具图标，打印谱图，取出待测样品。

⑩ 先关闭"OMNIC"窗口，退至 Windows 界面，再关闭计算机主机，依次关闭光学台、打印机、显示器电源开关。

（3）日常维护与保养

红外光谱仪器室的温度应保持在 15～30℃，相对湿度应保持在 65% 以下，所用电源应配备稳压装置和接地线。因要严格控制室内的相对湿度，因此红外光谱实验室的面积不要太大，能放得下必需的仪器设备即可，但室内一定要有除湿装置。

为防止仪器受潮而影响使用寿命，红外光谱实验室应经常保持干燥，即使仪器不用，也应每周开机至少两次，每次半天，同时开除湿机除湿。特别是空气湿度大的梅雨季节，最好是能每天开除湿机。

如果所用的是单光束型傅里叶变换红外分光光度计（目前应用最多），实验室里的 CO_2 含量不能太高，因此实验室里的人数应尽量少，无关人员最好不要进入，还要注意适当通风换气。

3. 红外制样方法及注意事项

不同的样品状态（固体、液体、气体及黏稠样品）需要与之相应的制样方法。制样方法的选择和制样技术的优劣直接影响谱带的频率、数目和强度。红外样品制样方法主要有以下几种：

① 压片法。粉末状样品常采用压片法。将研细的粉末分散在固体介质中，并用压片器压成透明的薄片后测定。固体分散介质一般是 KBr，使用时将其充分研细，颗粒直径最好小于 $2\mu m$（因为中红外光区的波长是从 $2.5\mu m$ 开始的）。

② 液池法。样品的沸点低于 100℃ 可采用液池法。选择不同的垫片尺寸可调节液池的厚度，对强吸收的样品用溶剂稀释后再测定。

③ 液膜法。样品的沸点高于 100℃ 可采用液膜法测定。黏稠样品也可采用液膜法。这种方法较简单，只要在两个盐片之间滴加 1～2 滴未知样品，使之形成一层薄的液膜。流动性较大的样品，可选择不同厚度的垫片来调节液膜的厚度。样品制好后，用夹具轻轻夹住进行测定。

④ 糊状法。只有准确知道样品不含有—OH（避免 KBr 中水的影响）时才采用糊状法。这种方法是将干燥的粉末研细，然后加入几滴悬浮剂（常用石蜡油或氟化煤油）在玛瑙研钵中研成均匀的糊状，涂在盐片上测定。

⑤ 薄膜法。对于熔点低，熔融时不发生分解、升华和其他化学变化的物质，可采用加热熔融的方法压制成薄膜后测定。

下面主要介绍两种最常用的样品制样方法：压片法和液池法。

（1）固体样品的制样方法（压片法）

红外光谱测定最常用的试样制备方法是溴化钾（KBr）压片法，为减少对测定的影响，所用 KBr 最好为光谱纯，至少也要分析纯。使用前应适当研细（200 目以下），并在 120℃ 的烘箱中烘 4h 以上，置干燥器中备用。如发现结块，则应重新研细干燥。制备好的空白 KBr 片应透明，与空气相比，透光率应在 75% 以上。

如待测样品为盐酸盐，因考虑到压片过程中可能出现的离子交换现象，标准规定用氯化钾（也同溴化钾一样预处理后使用）代替溴化钾进行压片。

压片操作如下：

① 称取大约 10mg 样品和 1～2g KBr 在红外灯下混合研磨，研磨时应按同一方向（顺

时针或逆时针）均匀用力，如不按同一方向研磨，有可能在研磨过程中使待测样品产生转晶，从而影响测定结果。研磨应当使用玛瑙研钵，因玻璃研钵内表面比较粗糙，易黏附样品。研磨力度不用太大，研磨到试样中不再有肉眼可见的小粒即可。研磨好之后，在红外灯下至少烘 5min，再开始压片。

② 将压片的模具（图 4-7）取出，装好，用药匙取适量样品，均匀倒入模孔中（尽量把试样铺均匀，否则压片后试样多的地方的透明度要比试样少的地方低，并因此对测定产生影响），将上压头插入，利用手的压力将压头旋转一下，使模具孔内试样趋于均匀分布。

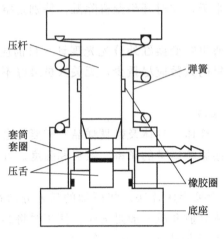

图 4-7　压片模具的构造

③ 将模具放于压片机工作空间中央位置，通过手轮调节压力丝杠，并用压力丝杠顶好。

④ 顺时针拧紧手轮，关闭放油阀（顺时针拧紧）。上下摆动手把，同时观察压力表读数，加压至 25MPa 后，维持此压力 3～5min。

⑤ 逆时针拧开放油阀，工作活塞自动复位，取下模具。

⑥ 将模具轻轻倒置，将下压头取下，慢慢取出薄片。如压好的片子上出现不透明的小白点，则说明研好的试样中有未研细的小粒子，应重新研磨压片。

压片机使用注意事项如下：

① 应当定期检查压片机里的油池中油量是否达到 3/4 高度，若不够高度可打开油帽注入清洁的不含杂质的 46 号液压油。

② 小活塞及其连动部位应定期加以适量机油润滑。

③ 放油手轮应适度拧紧，防止油液溢出，并保持清洁。

④ 工作活塞需要上升到一定高度时必须注意不能超过警示红线，以免造成机件损坏。

⑤ 新机器或机器较长时间没有使用时，应在使用之前拧紧放油手轮，加压至 20～25MPa 即卸荷。

⑥ 若首次使用机器，先将注油孔活塞拧松或取下，以便正常使用。

⑦ 本机加压应小于 40MPa（24t），超过此压力时将损坏机器或发生危险，操作者不可随意超压工作。

(2) 液体样品制样方法（液池法）

液体池是由后框架、窗片框架、垫片、后窗片、间隔片、前窗片和前框架 7 个部分组成。一般后框架和前框架由金属材料制成；前窗片和后窗片为氯化钠、溴化钾等晶体薄片；

间隔片常由铝箔和聚四氟乙烯等材料制成,起着固定液体样品的作用。厚度为 0.01～2mm 液体样品池的组成见图 4-8。

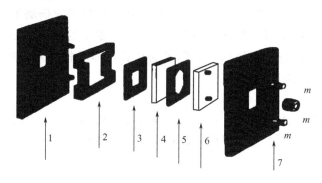

图 4-8 液体样品池
1—后框架;2—窗片框架;3—垫片;4—后窗片;5—聚四氟乙烯隔片;6—前窗片;7—前框架

液体池的装样清洗操作步骤如下。
① 液体池的装样操作:将吸收池倾斜 30％用注射器(不带针头)吸取待测的样品,由下孔注入直到上孔看到样品溢出为止。用聚四氟乙烯塞子塞住上下注射孔,用高质量的纸巾擦去溢出的液体后,便可进行测试。
② 液体池的清洗操作:测试完毕,取出塞子,用注射器吸出样品,由下孔注入溶剂,冲洗 2～3 次。冲洗后,用洗耳球吸取红外灯附近的干燥空气吹入液体池内,以除去残留的溶剂,然后放在红外灯下烘烤至干,最后将液体池存放在干燥器中。

液体池装样清洗操作注意事项:
① 灌样时要防止气泡。
② 样品要充分溶解,不应有不溶物进入液体池内。
③ 装样品时不要将样品溶液外溢到窗片上。
④ 液体池在清洗过程中或清洗完毕时,不要因溶剂挥发而使窗片受潮。

实验三十九 液体石蜡、乙苯、苯甲酸钠的红外光谱测定与谱图分析

【实验目的】
1. 掌握固体、液体样品的红外制样技术和仪器操作方法。
2. 学习比较不同样品制备方法并了解其优缺点。
3. 学会红外光谱的解析,掌握红外吸收光谱的分析方法。

【实验原理】
红外光谱是反映分子振动形式的光谱,可用于物质结构分析和定量测定。要获得一张高质量的红外光谱图,除了仪器本身之外,样品的制备在红外光谱测试中占有重要地位,若样品处理方法不当,即使仪器的性能很好也得不到满意的红外光谱图。不同状态和性质的样品,需要选择不同的制样方法。

液体样品一般是放在液体吸收池中,使其形成一定厚度的液膜,然后进行测定。对于一些吸收很强的液体,往往将其制成溶液以降低浓度来获得良好的测试效果。使用溶液法时,要特别仔细地选择所使用的红外溶剂。对红外溶剂的一般要求是:对测试样品的溶解度大;

在测试范围内无吸收；具有一定的化学惰性，不与被测样品反应；不腐蚀盐窗。

固体试样的制备常用 KBr 与样品混合研磨，然后将磨细的混合粉末装入模具中，置于压片机中，加压，制成样品薄片，进行红外光谱扫描。如果粉末研磨不均匀，大颗粒会反射入射光，这种杂乱无章的反射会降低样品光束达到检测器上的能量，影响检测结果。为降低散射现象，通常使粉末的粒子直径小于入射光的波长，即要将粉末研磨至 $2\mu m$ 左右，压制好的晶片要厚薄均匀、透明、无裂痕。

【仪器和试剂】

仪器：傅里叶变换红外光谱仪，压片机，窗片池，玛瑙研钵，红外灯，镊子。

试剂：液体石蜡，乙苯，三氯甲烷，脱脂棉，苯甲酸钠，KBr。

【实验步骤】

1. 仪器准备

打开主机、工作站和打印机开关，预热 10min。打开仪器操作软件。

2. 制样及红外光谱测定

(1) 液体试样

先用脱脂棉蘸取三氯甲烷将液体窗片擦拭干净，自然晾干或放于红外灯下烘干备用。液体石蜡是 $C_9 \sim C_{22}$ 直链烷烃的混合物（部分含支链烷烃），它的黏度较大，沸点较高。对于这种高沸点液体，可在一片擦洗干净的窗片上滴一小滴，然后再压上另一片窗片，将其夹在样品支架上。这样制得的样品厚度称为"毛细厚度"。两窗片之间不能有气泡，否则会产生干涉条纹。

对于沸点较低的液体，可用注射器将样品注入可拆卸的液体池中。

将制好的样品放到红外光谱仪的样品架上，进行扫描。扫描完毕后，用溶剂清洗窗片池，干燥后放入干燥器内。

(2) 固体试样

用脱脂棉吸附溶剂，将压模擦拭干净，自然晾干或放于红外灯下烘干备用。

取 10mg 左右的苯甲酸钠固体样品于玛瑙研钵内。然后加入约为样品质量 100 倍的 KBr，在红外灯下混合研磨，研磨至颗粒直径小于 $2\mu m$。将混合好的样品装于干净的压模内，加压，维持 5min。卸压后，取出模子脱模，得到一圆形样品片。将样品片放于样品支架上。

用纯溴化钾薄片作参比，将制好的样品放到红外光谱仪的样品池中，进行扫描。扫描完后，用溶剂清洗压模，干燥后放入干燥器内。

【数据处理】

1. 解析石蜡油的红外光谱：①C—H 伸缩振动吸收；②C—H 变形振动吸收；③C—H 平面摇摆吸收。

2. 解析石蜡油的红外光谱：①芳烃 C—H 伸缩振动；②倍频和组频峰；③芳烃 C—H 面外弯曲振动。

3. 解析苯甲酸钠的红外光谱：①芳烃 C—H 压缩振动吸收；②C═O 的伸缩振动；③芳环 C═C 振动。

【注意事项】

1. 盐窗是由 KBr 或其他金属卤代盐晶体加工而成，易潮解、易碎、较昂贵，操作时应尽量避免磕碰，装配吸收池紧固螺钉时用力要均匀，以免压裂或压碎窗片。

2. 窗片在实验时一定要清洗干净。

3. 清洗窗片所用的溶剂一般是四氯化碳、三氯甲烷等，有一定毒性，操作应在通风橱内进行。

4. 研磨固体样品时应注意防潮，研磨者不要对着研钵直接呼气。

5. 操作仪器时，应严格按照操作规程进行。

【思考题】

1. 化合物产生红外吸收的基本条件是什么？
2. 红外光谱图能够提供化合物的哪些信息？
3. 在红外光谱的测试中，为什么采用KBr晶体作盐窗？
4. 溶液法选择溶剂时应注意哪些问题？

实验四十 聚苯乙烯的红外光谱测定与谱图分析

【实验目的】

1. 学习薄膜试样的红外吸收光谱测绘方法。
2. 通过对聚苯乙烯红外光谱的解析，学习红外吸收光谱解析的基本方法。
3. 学会用标准数据库进行图谱检索。

【实验原理】

乙烯聚合成聚乙烯的过程中，乙烯双键被打开聚合生成 $-(H_2C-CH_2)_n-$ 长链，因而聚乙烯分子中仅有的基团是饱和亚甲基（—CH_2—），其基本振动形式及频率有：亚甲基反对称伸缩振动（2926cm^{-1}）、亚甲基对称伸缩振动（2853cm^{-1}）、亚甲基对称弯曲振动（1465cm^{-1}）、长亚甲基链面内摇摆振动（720cm^{-1}）。在聚苯乙烯结构中，除了亚甲基外，还有次甲基、苯环上不饱和碳氢基团（=CH）和碳碳骨架（C=C），因此，聚苯乙烯基本振动形式还有：苯环上不饱和碳氢基团伸缩振动（3100～3000cm^{-1}）、次甲基伸缩振动（2955cm^{-1}）、苯环骨架振动（1600～1450cm^{-1}）、苯环上不饱和碳氢基团面外弯曲振动（770～730cm^{-1}、710～690cm^{-1}）等。

利用红外光谱可检验聚苯乙烯中的各个官能团。

【实验步骤】

① 打开 Nicolet FT-IR200 光谱仪电源开关，运行电脑中的红外光谱软件，在样品采集菜单中设置实验参数（包括采集次数、分辨率、背景扣除方式等）。

② 插入样品片前，以空气为背景，采集背景的红外光谱。

③ 将聚苯乙烯薄膜插入样品架，采集样品的红外光谱。

④ 两次采集完成后，计算机将对样品的光谱自动进行背景扣除，得到纯样品的光谱图。

【数据处理】

1. 采用常规图谱处理功能，对所测图谱进行基线校正及适当的平滑处理，标出主要吸收峰的波数，储存数据并打印图谱。

2. 根据谱图中峰的位置，判别和注明各个官能团的归属。

3. 利用软件进行图谱检索，并将样品图谱与标准图谱对比。

【思考题】
1. 区别饱和碳氢基团与不饱和碳氢基团的主要标志是什么？
2. 苯环的光谱特征是什么？

四、原子吸收光谱法

1. 方法概述

原子吸收光谱（atomic absorption spectroscopy，AAS），又称原子吸收分光光度分析，是基于待测元素的基态原子蒸气对其特征谱线的吸收，是由特征谱线的特征性和谱线被减弱的程度对待测元素进行定性、定量分析的一种仪器分析方法。早在18世纪初，人们就开始对原子吸收光谱——太阳连续光谱中的暗线进行观察和研究。但是，原子吸收光谱法作为一种分析方法是从1955年才开始的。虽然原子吸收光谱法发展较晚，但因其独特的优点，一出现便引起了广泛的重视，并在20世纪60年代初得到发展。原子吸收光谱法现已成为实验室的常规方法，能分析70多种元素，广泛应用于石油化工、环境卫生、冶金矿山、材料、地质、食品、医药等各个领域。

（1）基本原理

原子吸收光谱法是利用气态原子可以吸收一定波长的光辐射，使原子中的外层电子从基态跃迁到激发态的现象而建立的。由于各种原子中电子的能级不同，将有选择性地共振吸收一定波长的辐射光，这个共振吸收波长恰好等于该原子受激发后发射光谱的波长。当光源发射的某一特征波长的光通过原子蒸气时，即入射辐射的频率等于原子中的电子由基态跃迁到较高能态（一般情况下都是第一激发态）所需要的能量频率时，原子中的外层电子将选择性地吸收其同种元素所发射的特征谱线，使入射光减弱。该方法的基本原理可简述为特定的原子吸收特定的光。图4-9为原子吸收原理图。

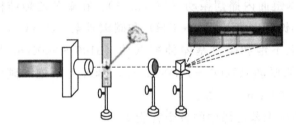

图 4-9 原子吸收原理

由于原子能级是量子化的，因此，在所有情况下，原子对辐射的吸收都是有选择性的。由于各元素的原子结构和外层电子的排布不同，元素从基态跃迁至第一激发态时吸收的能量不同，因而各元素的共振吸收线具有不同的特征。由此可作为元素定性的依据，而吸收辐射的强度可作为定量的依据。AAS现已成为无机元素定量分析应用最广泛的一种分析方法，主要适用于样品中微量及痕量组分的分析。

不同元素的特征谱线因吸收而减弱的程度称为吸光度 A。吸光度在线性范围内与被测元素的含量成正比：

$$A = Kc$$

式中，K 为常数；c 为试样浓度；K 包含了所有的常数，此式就是原子吸收光谱法进行定量分析的理论基础。

（2）方法特点

原子吸收光谱法具有检出限低（火焰法可达 μg/mL 级）、准确度高（火焰法相对误差小于 1%）、选择性好（即干扰少）、分析速度快、应用范围广等优点。

① 选择性好　因为原子吸收带宽很窄，故选择性强，因此，测定比较快速简便，并有条件实现自动化操作。在发射光谱分析中，当共存元素的辐射线或分子辐射线不能和待测元素的辐射线相分离时，会引起表观强度的变化。而对原子吸收光谱分析来说，谱线干扰的概率小，由于谱线仅发生在主线系，而且谱线很窄，线重叠概率较发射光谱要小得多，所以光谱干扰较小。即便是和邻近线分离得不完全，由于空心阴极灯不发射邻近波长的辐射线，所以辐射线干扰少，容易克服。在大多数情况下，共存元素不对原子吸收光谱分析产生干扰。在石墨炉原子吸收法中，有时甚至可以用纯标准溶液制作的校正曲线来分析不同试样。

② 灵敏度高　原子吸收光谱分析法是目前最灵敏的方法之一。火焰原子吸收法的灵敏度达 $10^{-9} \sim 10^{-6}$ 级，石墨炉原子吸收法绝对灵敏度可达到 $10^{-14} \sim 10^{-10}$ 级。常规分析中大多数元素均能达到 10^{-6} 级。如果采用特殊手段，例如：预富集，还可进行 10^{-9} 级浓度的测定。由于该方法的灵敏度高，使分析手续简化可直接测定，缩短了分析周期，加快了测量进程。由于灵敏度高，需要的进样量少。无火焰原子吸收分析的试样用量为 $5 \sim 100 \mu L$。固体直接进样石墨炉原子吸收法仅需 $0.05 \sim 30 mg$，这对于试样来源困难的分析是极为有利的，如测定小儿血清中的铅，取样只需 $10 \mu L$ 即可。

③ 应用范围广　发射光谱分析和元素的激发能有关，故对发射谱线处在短波区域的元素难以进行测定。另外，火焰发射光度分析仅能对元素的一部分加以测定。例如，钠只有 1% 左右的原子被激发，其余的原子则以非激发态存在。在原子吸收光谱分析中，只要使化合物解离成原子就行了，不必激发，所以测定的是大部分原子。应用原子吸收光谱法可测定的元素达 73 种，就含量而言，既可测定低含量和主量元素，又可测定微量、痕量甚至超痕量元素；就元素的性质而言，既可测定金属元素、类金属元素，又可间接测定某些非金属元素，也可间接测定有机物；就样品的状态而言，既可测定液态样品，也可测定气态样品，甚至可以直接测定某些固态样品，这是其他分析技术所不能及的。

④ 抗干扰能力强　第三组分的存在，等离子体温度的变动，对原子发射谱线强度影响比较严重。而原子吸收谱线的强度受温度影响相对说来要小得多。和发射光谱法不同，原子吸收光谱法不是测定相对于背景的信号强度，所以背景影响小。在原子吸收光谱分析中，待测元素只需从它的化合物中解离出来，而不必激发，故化学干扰也比发射光谱法少得多。

⑤ 精密度高　火焰原子吸收法的精密度较好。在日常的一般低含量测定中，精密度为 1%～3%。如果仪器性能好，采用高精度测量方法，精密度 <1%。无火焰原子吸收法较火焰法的精密度低，一般可控制在 15% 之内。若采用自动进样技术，则可改善测定的精密度。火焰法：RSD<1%；石墨炉：RSD 3%～5%。

当然，原子吸收光谱法也有以下缺点：

① 不能多元素同时分析。测定元素不同，必须更换光源灯。

② 标准工作曲线的线性范围窄（一般在一个数量级范围）。

③ 样品前处理麻烦。

④ 仪器设备价格昂贵。

⑤ 由于原子化温度比较低，对于一些易于形成稳定化合物的元素，原子化效率低，检

出能力差，受化学干扰严重，结果不能令人满意。

⑥ 非火焰的石墨炉原子化器虽然原子化效率高、检出率低，但是重现性和准确度较差。

⑦ 对操作人员的基础理论和操作技术要求较高。

2. 原子吸收光谱仪

原子吸收光谱仪是一种常用的分析仪器。仪器从光源辐射出具有待测元素特征谱线的光，通过试样蒸气时被蒸气中待测元素基态原子所吸收，由辐射特征谱线被减弱的程度来测定试样中待测元素的含量。原子吸收光谱仪可用于测定多种元素，火焰原子吸收光谱法可测到 10^{-9} g/mL 数量级，石墨炉原子吸收光谱法可测到 10^{-13} g/mL 数量级。氢化物发生器可对 8 种挥发性元素（汞、砷、铅、硒、锡、碲、锑、锗）进行微量、痕量测定。因原子吸收光谱仪具有灵敏、准确、简便等特点，现已广泛用于冶金、地质、采矿、石油、轻工、农业、医药、卫生、食品及环境监测等方面的常量及微痕量元素分析。

(1) 原子吸收光谱仪的构造及工作原理

原子吸收光谱仪由光源、原子化系统、分光系统、检测系统等几部分组成。通常有单光束型和双光束型两类。单光束原子吸收光谱仪的光路系统结构简单，有较高的灵敏度，价格较低，便于推广，能满足日常分析工作的要求，但其最大的缺点是不能消除光源波动所引起的基线漂移，对测定的精密度和准确度有一定的影响。

① 光源　光源的功能是发射被测元素的特征共振辐射。对光源的基本要求是：发射的共振辐射的半宽度要明显小于吸收线的半宽度；辐射强度大、背景低，强度低于特征共振辐射强度的 1%；稳定性好，30min 之内漂移不超过 1%；噪声小于 0.1%；使用寿命长于 5A·h。空心阴极放电灯是能满足上述各项要求的理想的锐线光源，应用最广。

② 原子化器　其功能是提供能量，使试样干燥、蒸发和原子化。在原子吸收光谱分析中，试样中被测元素的原子化是整个分析过程的关键环节。原子化器主要有四种类型：火焰原子化器、石墨炉原子化器、氢化物发生原子化器及冷蒸气发生原子化器。实现原子化的方法最常用的有两种：a. 火焰原子化法，是原子光谱分析中最早使用的原子化方法，至今仍有广泛的应用；b. 非火焰原子化法，其中应用最广的是石墨炉电热原子化法。

③ 分光器　它由入射狭缝和出射狭缝、反射镜和色散元件组成，其作用是将所需要的共振吸收线分离出来。分光器的关键部件是色散元件，商品仪器都使用光栅。原子吸收光谱仪对分光器的分辨率要求不高，曾以能分辨开镍三线 Ni 230.003nm、Ni 231.603nm、Ni 231.096nm 为标准，后采用 Mn 279.5nm 和 Mn 279.8nm 代替镍三线来检定分辨率。光栅放置在原子化器之后，以阻止来自原子化器内的所有不需要的辐射进入检测器。

④ 检测系统　原子吸收光谱仪中广泛使用的检测器是光电倍增管，一些仪器也采用 CCD 作为检测器。

(2) TAS-986 型火焰原子吸收光谱仪的使用及日常维护

TAS-986 型火焰原子吸收光谱仪是北京普析通用仪器公司的经典产品。

① TAS-986 型火焰原子吸收光谱仪的使用方法

a. 正确连接仪器及计算机各连线和插头，确认仪器主机电源开关处于"关"的位置，然后再开启稳压器电源。

b. 按顺序打开打印机、显示器、计算机电源开关，等待计算机进入 Windows 界面。

c. 安装上待测元素空心阴极灯，并记下灯位号码标记。打开主机电源开关，双击"AAwin"软件图标，联机"确定"，仪器自动进入自检。

d. 自检完成后，设定和选择工作灯，然后预热灯，点击"下一步"修改或输入正确的灯电流、分光带宽、燃气流量、燃烧器高度和位置，点击"下一步""寻峰""下一步""完成"。

e. 在任务栏点击"仪器"，选择"燃烧器参数"，调节火焰原子化器的前后、上下位置及角度，使其对准光路。

f. 在任务栏上点击"仪器"，选择"扣背景方式"，选择"氘灯"或"自吸"扣背景，并输入适当的氘灯电流或窄脉冲电流，在"能量"窗口点击"能量自动平衡"，调节能量达到平衡状态。若不进行背景校正，本步可省去。

g. 点击"参数"按钮，在常规界面输入"测量重复次数""采样间隔"及"采样延时参数"的必要数值；在显示界面上输入"吸光度显示范围"及"页面更新时间"；在数据处理界面选择"计算方式"，输入"积分时间""滤波系数"，点击"确定"。

h. 点击"样品"按钮，选择"校正方法""曲线方程""浓度单位""下一步"，选择"标准系列样品个数"，点击"标准系列样品浓度"，输入浓度值，点击"下一步"，点击"未知样品个数"，输入相应数值，点击"完成"。

i. 按照顺序打开空压机：先打开"风机开关"，后打开"工作开关"。

j. 打开乙炔钢瓶总阀，检查并调节出口压力在 0.05～0.09MPa 之间（推荐压力 0.05MPa）。

k. 点击"点火"按钮，点火 2～3s，火焰燃烧，吸喷去离子水 3～5min 后，改换吸喷标准系列空白溶液，点击"校零"按钮，使仪器自动调零。

l. 点击"测量"按钮，按浓度由低到高顺序吸喷标准系列溶液，并在测量窗口点击"开始"按钮，开始测量标准溶液，记录吸光度值，绘制标准系列校准曲线。

m. 吸喷未知样品溶液，点击"开始"按钮测量未知样品。全部未知样品测量完毕，点击"终止"按钮，退出测量，吸喷去离子水 3～5min 清洗燃烧器。

n. 点击"应用"按钮，选择"实验记录"，输入"测量元素""样品名称""分析员""记录""确定"。

o. 在测量表格上点击右键，选择"表格设置"，选择所需显示和打印的项目，在任务栏点击"打印"按钮，选择所需打印的内容，点击"确定"，打印相应内容。

p. 关闭乙炔钢瓶总阀，烧去管路中余气，待火焰熄灭后，按空压机"放水阀"放水，关闭空压机 5～10s 后关闭"风机开关"。

q. 退出"工作开关 AAWin"操作软件，关闭 TAS-986 主机电源，依次关闭打印机、计算机、稳压器电源。

r. 整理实验室卫生，检查实验室水、气、电及门窗安全。

② 使用注意事项

a. 不要在火焰燃烧时进行空压机放水操作。

b. 不要在火焰燃烧或刚灭火时触摸燃烧头。

c. 不要在未安装燃烧头和雾化器时实施点火操作。

(3) 原子吸收光谱仪日常维护及保养

① 原子吸收光谱仪的使用环境　保持实验室的环境整洁、卫生，定期打扫实验室，避免仪器被尘土覆盖，影响光的透过而降低能量。实验后要将实验用品收拾干净，使酸性物品远离仪器，以免酸气腐蚀光学器件。仪器室内的相对湿度保持在较低水平，防止光学元件受

潮而发霉。

② 元素灯的保养　原子吸收光谱仪主机在长时间不使用的情况下，须保持每一至两周为间隔，将仪器开启，联机预热 1～2h 以延长其使用寿命。元素灯长时间不使用时，会因为漏气、零部件放气等原因影响使用，甚至不能点燃，所以应将不常使用的元素灯每隔 3～4 个月点燃 2～3h，保障元素灯的性能，以延长其使用寿命。

③ 定期检查

a. 检查废液管并及时倾倒废液。

b. 及时检查废液管是否畅通，定时倾倒桶中废液，防止桶中废液过多，造成测量值不稳定。

c. 要严格按照换灯规定进行换灯。

d. 乙炔气路要定期检查，以免管路老化漏气，发生危险。

e. 每次换乙炔气瓶后一定要全面试漏，用肥皂水等在所有接口处试漏，观察是否有气泡产生。注意定期检查空气管路是否存在漏气现象，检查方法参见乙炔气体检查方法。

④ 乙炔管路的注意事项

a. 当打开仪器外壳，或者触及了仪器内乙炔气路上的器件或更换了乙炔气路上的器件后，必须检查乙炔气路的密闭性，用肥皂水严格检查碰过的乙炔管路接头是否漏气。

b. 为避免主机外的乙炔管路橡胶管老化引起乙炔气体泄漏而发生危险，建议根据情况选择一至两年或定期更换的橡胶管。

⑤ 空压机及空气气路的保养和维护　当仪器室内湿度高时，空压机极易积水，会严重影响测量的稳定性，应经常放水。标配的空压机上都有放水按钮，放水时注意在燃烧熄火后有压力的情况下按此按钮，即可将积水排除，并避免水进入气路管道。不要在火焰燃烧时进行空压机放水操作。

⑥ 火焰原子化器的保养和维护

a. 每次样品测定结束后，在火焰点燃的状态下，用去离子水喷雾 5～10min，清洗残留在雾化室中的样品溶液，然后停止喷雾清洗，等水分烘干后，关闭乙炔气源。

b. 在测试使用氢氟酸的样品后要注意及时清洗玻璃雾化器，清洗方法是在火焰点燃状态下，吸喷去离子水 5～10min，以保证其使用寿命。

c. 燃烧器和雾化室应经常检查并保持清洁，对沾在燃烧器缝口上的积炭，可用刀片刮除。雾化室清洗时，可取下燃烧器，用去离子水直接倒入清洗即可。

⑦ 石墨炉原子化器的保养

a. 石墨炉内部因测试样品的复杂程度不同，会产生不同程度的残留物。通过洗耳球将可吹掉的杂质清除，使用酒精棉进行擦拭，将其清理干净，自然风干后加入石墨管空烧。

b. 石英窗落入灰尘后会使透光率下降，产生能量损失。清理方法为：将石英窗旋转拧下，用酒精棉擦拭干净后，使用擦镜纸将污垢擦净，安装复位即可。

c. 夏天气温比较高，冷却循环水水温不宜设置过低（18～19℃为宜），否则会产生水雾，凝结在石英窗上影响到光路。

(4) 乙炔钢瓶安全使用注意事项

乙炔气是易燃易爆气体，在使用过程中应严格遵守国家关于乙炔钢瓶的使用、储存及运输安全措施的有关规定。同时，还应该注意以下几点：

① 乙炔钢瓶应单独设立存放地点，并装有排风系统，按易燃易爆气体管理规定操作。严禁放在通风不良及有放射性射线的场所，且不得放置在橡胶等绝缘体上。

② 当乙炔钢瓶总压力小于 0.4MPa 时，应停止使用，立即更换新乙炔钢瓶。

③ 使用乙炔钢瓶禁止敲击、碰撞。

④ 不得靠近热源和电气设备，夏季要防止暴晒，与明火的距离一般不小于 10m。

⑤ 瓶阀结冻时，严禁用火烘烤，必要时，可用 40℃ 以下的温水解冻。

⑥ 使用时要注意固定，防止倾倒，严禁卧放使用。使用时必须装设专用的减压器、回火防止器。开启时，操作者应站在阀口的侧后方，动作要轻缓。

⑦ 定期用肥皂水严格检查乙炔压力表是否漏气。

⑧ 在压力表完好的前提下，将乙炔钢瓶的总开关打开，并立即关闭。用眼睛观察乙炔钢瓶的总压力表（示值为 4MPa）的表针，3min 内压力变化不得多于一格（0.2MPa）。

注意：由于每一个乙炔厂的钢瓶品质不一致，微漏的程度也不太相同。当发现乙炔钢瓶漏气严重时，一定要及时更换。

实验四十一 火焰原子吸收分光光度法测定自来水中的钙、镁

【实验目的】

1. 掌握原子吸收光谱法的基本原理。
2. 了解原子吸收分光光度计的主要结构及工作原理。
3. 学习原子吸收光谱法操作条件的选择。
4. 了解以回收率来评价分析方案准确度的方法。
5. 加深对灵敏度、准确度、空白溶液等概念的认识。

【实验原理】

原子吸收光谱分析主要用于定量分析，它的基本依据是：将一束特定波长的光投射到被测元素的基态原子蒸气中，原子对这一波长的光产生吸收，未被吸收的光则透射过去，其吸收的强度与原子蒸气浓度的关系符合朗伯-比耳定律，根据这一定律可以用标准曲线法或标准加入法来测定未知溶液中某元素的含量。当测定条件固定时，$A=Kc$，利用 A 与 c 的关系，用已知不同浓度的标准溶液测出不同的吸光度，绘制成标准曲线。再测试液的吸光度，从标准曲线上就可求出试液中对应元素的含量。

镁离子溶液雾化成气溶胶后进入火焰，使镁原子化，在火焰中形成的基态原子对特征谱线产生选择性吸收，选用 285.2nm 共振线测定。

钙的测定选用波长为 422.7nm 的共振线。钙是火焰原子化的敏感元素。测定条件的变化（如助燃比、燃烧器高度）、干扰离子的存在等因素都会严重影响钙在火焰中的原子化效率，从而影响钙的测定灵敏度。钙镁元素测定所用特征谱线波长及火焰类型见表 4-2。

表 4-2 钙镁元素所用特征谱线波长及火焰类型

元素	特征谱线波长/nm	火焰类型
钙	422.7	乙炔-空气（氧化型）
镁	285.2	乙炔-空气（氧化型）

【仪器和试剂】

仪器：原子吸收分光光度计（北京普析公司通用 TAS-986 型），容量瓶，钙元素、镁元素空心阴极灯，乙炔钢瓶（0.05MPa），空气压缩机（0.2MPa）。

试剂：钙标准储备液（1000μg/mL），钙标准使用液（100μg/mL），硝酸溶液（1+1），镧溶液（0.1g/mL），镁标准储备液（1000μg/mL），镁标准使用液（10μg/mL）。

【实验步骤】

1. 仪器操作条件的选择

① 在波长 285.2nm、仪器默认的灯电流和光谱通带下，将空气压力调为 0.2MPa，乙炔压力调为 0.05MPa，调整空气和乙炔的流量比，使测定结果稳定且吸光度值较大。

② 燃烧器高度的选择：调整合适的位置，使测定结果稳定且吸光度值较大。

2. 镁标准曲线的绘制

准确吸取 1.00mL、2.00mL、3.00mL、4.00mL、5.00mL 镁标准使用液，分别置于 5 个 50mL 容量瓶内，每瓶加入 1mL 镧溶液。在选定操作条件下，以去离子水为参比调零，测定相应的吸光度。以镁离子浓度为横坐标，吸光度 A 为纵坐标，绘制标准曲线。

3. 自来水样中镁的测定

取自来水样 1.50mL 置于 50mL 容量瓶中，加入 1mL 镧溶液，用去离子水稀释至刻度，摇匀。在选定的条件下，以去离子水为参比调零，测定吸光度。

4. 钙标准系列溶液的吸光度测定

分别于 6 个 50mL 的容量瓶中准确吸取 0.00mL、1.00mL、3.00mL、5.00mL、7.00mL、9.00mL 100μg/mL 的钙标准使用液，每瓶中加入 6 滴镧溶液，用去离子水定容，摇匀。在选定操作条件下，以 0 号空白溶液为参比调零，测定相应的吸光度。

5. 水样中钙的测定

吸取 10.00mL 自来水样于 50mL 容量瓶中，加入 6 滴镧溶液，用去离子水定容，测定其吸光度。由标准曲线中查出水样中的钙浓度，并计算自来水的钙含量。

【数据处理】

1. 将测得的镁吸光度值填入表中。

编号		1	2	3	4	5	水样
吸取标液体积/mL		1.00	2.00	3.00	4.00	5.00	—
浓度/(μg/mL)		0.20	0.40	0.60	0.80	1.00	
吸光度 A	1						
	2						
	3						
吸光度平均值							

原水样中镁离子浓度：_____。

2. 钙测试参数与测试条件

元素	吸收线波长/nm	灯电流/mA	空气流量/(L/min)	乙炔流量/(L/min)	狭缝/mm	燃烧器长度/mm
Ca	422.7	5	5.5	0.8	0.2	9

3. 绘制标准曲线

以钙离子浓度为横坐标，吸光度 A 为纵坐标作图。在标准曲线上用虚线标出被测样的浓度，计算原水样中钙的含量，注意乘以稀释倍数。钙标准系列溶液与被测水样的浓度及吸光度值填入表中。

编号	0	1	2	3	4	5	水样
移取标液体积/mL	0.00	1.00	3.00	5.00	7.00	9.00	—
含钙浓度/(pg/mL)	0.00	2.00	6.00	10.00	14.00	18.00	
吸光度 A	0.00						

原水样中钙离子浓度：_____。

【注意事项】

1. TAS-986 型原子吸收分光光度计系精密贵重仪器，在未熟悉仪器的性能及操作方法之前，不得随意拨动主机记录器的各个开关和旋钮。

2. 仪器在开机时必须严格按照操作方法进行。

3. 本实验使用易燃气体乙炔，故在实验室内严禁烟火，以免发生事故。

4. 点燃火焰时，必须先开空气，后开乙炔，熄灭火焰时，则应先关乙炔，后关空气，防止回火、爆炸事故的发生。

【思考题】

1. 简要说明 TAS-986 型原子吸收分光光度计的操作流程。

2. 如果试样中存在其他一些元素的干扰，有哪些可以消除干扰的方法？

3. 试样原子化的方法有哪几种？

实验四十二　石墨炉原子吸收光谱法测定水中痕量镉

【实验目的】

掌握石墨炉原子吸收光谱法测定水中痕量金属元素的分析过程与特点。

【实验原理】

镉(Cd)是环境监测中经常测定的毒性元素之一。由于水中镉的含量很低，通常采用石墨炉原子吸收光谱法进行测定，分析的绝对灵敏度可达 10^{-9} 数量级。

本实验分别用标准曲线法和标准加入法测定自来水中的痕量镉。

【仪器和试剂】

仪器：原子吸收分光光度计及其配套石墨炉，冷却装置及控制电源，镉空心阴极灯，数据记录装置，氩气钢瓶，微量注射器，容量瓶。

试剂：盐酸溶液（优级纯）(1+1)，超纯水，镉标准溶液（10.0ng/mL）（采用2%盐酸溶液配制）。

【实验步骤】

1. 调试仪器

按照石墨炉原子吸收光谱仪测定的相关操作方法调试仪器。

2. 测定条件

镉的石墨炉原子化吸收法测定条件见表 4-3。

表 4-3　镉的石墨炉原子化吸收法测定条件

项目	数据	项目	数据
吸收线/nm	228.8	干燥时间/s	25
光谱通带/nm	0.21	灰化电流/A	70
灯电流/mA	8.0	灰化时间/s	25
氩气流量/(L/min)	1.0	原子化电流/A	240
进样量/μL	20	原子化时间/s	7
干燥电流/A	20		

3. 镉(Cd) 标准系列溶液的配制

于 5 个 25mL 容量瓶中，依次加入 0.00mL、1.00mL、3.00mL、5.00mL、10.00mL 镉(Cd) 标准溶液，各加入 5 滴（1+1）盐酸，用超纯水定容，摇匀。此标准系列溶液中镉的浓度依次为 0.00ng/mL、0.40ng/mL、1.20ng/mL、2.00ng/mL、4.00ng/mL。

4. 水样的配制

移取自来水水样 20.00mL 于 25mL 容量瓶中，加入 5 滴（1+1）盐酸，用超纯水定容，摇匀。

5. 标准加入法溶液配制

于 5 个 25mL 容量瓶中各移入自来水水样 20mL，再依次加入镉标准溶液 0.00mL、1.00mL、2.00mL、3.00mL、4.00mL，各加入 5 滴（1+1）盐酸，用超纯水定容，摇匀。

6. 原子吸收测定

用微量注射器吸取 20μL 溶液注入石墨炉中，测出各自的原子化吸收信号。

【数据记录】

根据记录的原子化吸收信号绘制标准曲线及标准加入法外推曲线，从而计算出自来水样中镉的含量，并比较两种方法测定的结果。

1. 镉标准系列溶液的原子化吸收信号

标准系列编号	1	2	3	4	5
镉浓度/(ng/mL)	0.00	0.40	1.20	2.00	4.00
原子化吸收信号					

2. 标准溶液加入量及相应原子化吸收信号

镉标准溶液加入量V/mL	0.00	1.00	2.00	3.00	4.00
原子化吸收信号					

被测样品溶液中镉浓度：_____。

原自来水样中镉浓度：_____。

【注意事项】

玻璃容器器壁易产生吸附，因此只能储存浓度大的标准溶液。标准稀溶液必须使用时现配制，且放置不超过 4h。

【思考题】

1. 试述石墨炉原子吸收光谱分析灵敏度高的原因。

2. 试探讨一下用石墨炉原子吸收法测定 Cu 和 Cd 时，为什么原子化电流分别是 320A 和 240A？

五、原子荧光光谱法

1. 方法概述

原子荧光分析法又称为原子荧光光谱法（atomic fluorescence spectrometry，AFS），是根据测量待测元素的原子蒸气在一定波长的辐射能激发下发射的荧光强度进行定量分析的方法，主要用于金属元素的测定，在环境科学、高纯物质、矿物、水质监控、生物制品和医学分析等方面有广泛的应用。

原子荧光的波长在紫外可见光区。气态自由原子吸收特征波长的辐射后，原子的外层电子从基态或低能态跃迁到高能态，约经 10^{-8} s，又跃迁至基态或低能态，同时发射出荧光。若原子荧光的波长与吸收线波长相同，称为共振荧光；若不同，则称为非共振荧光。共振荧光强度大，分析中应用最多。在一定条件下，共振荧光强度与样品中某元素浓度成正比。

原子荧光具有如下优点：

① 高灵敏度、低检出限，特别对 Cd、Zn 等元素有相当低的检出限，Cd 可达 0.001ng/mL，Zn 为 0.04ng/mL。由于原子荧光的辐射强度与激发光源成比例，采用新的高强度光源可进一步降低其检出限。

② 谱线简单、干扰少。

③ 分析校准曲线线性范围宽，可达 3～5 个数量级。

④ 多元素同时测定。

2. 原子荧光光谱仪

原子荧光光谱仪分为色散型和非色散型两类，两类仪器的结构基本相似。色散型仪器由光源、单色器、原子化器、检测器、显示和记录装置组成，非色散仪器没有单色器。荧光光谱仪的光源与检测器呈 90°直角，以避免激发光源发射的辐射对原子荧光检测信号的影响。两类仪器的光路图如图 4-10 所示。

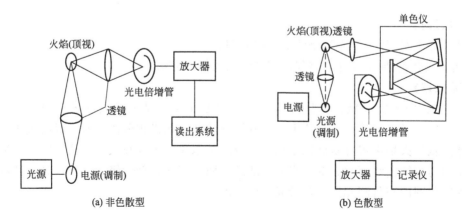

图 4-10 两种原子荧光光谱仪的光路图

（1）光源

激发光源用来激发原子使其产生原子荧光。光源分连续光源和锐线光源。连续光源一般采用高压氙灯，功率可高达数百瓦。这种灯测定的灵敏度较低，光谱干扰较大，但是一个灯即可激发出各元素的荧光，连续光源稳定，操作简便，寿命长，检出限较差。常用的锐线光源为脉冲供电的高强度空心阴极灯、无电极放电灯及70年代中期提出的可控温度梯度原子光谱灯。采用锐线光源时，测定某种元素需要配备该元素的光谱灯。原子荧光的强度I_f与激发光源辐射强度I_0成比例，因此原子荧光光谱仪都采用新的高强度光源提高激发光源辐射强度，I_0提高1~2个数量级，进一步降低仪器的检出限。

（2）原子化器

原子化器是将被测元素转化为原子蒸气的装置，可分为火焰原子化器和电热原子化器。火焰原子化器是利用火焰使元素的化合物分解并生成原子蒸气的装置。所用的火焰为空气-乙炔焰、氩氢焰等。用氩气稀释加热火焰，可以减小火焰中其他粒子，从而减小荧光猝灭现象（受激发原子与其他粒子碰撞，部分能量变成热运动与其他形式的能量，因而发生无辐射的去激发，使荧光强度减少甚至消失，该现象称为荧光猝灭）。电热原子化器是利用电能来产生原子蒸气的装置。电感耦合等离子焰也可作为原子化器，它具有散射干扰少、荧光效率高的特点。

（3）单色器

单色器是产生高纯单色光的装置，其作用为选出所需要测量的荧光谱线，排除其他谱线的干扰。

单色器由狭缝、色散元件（光栅或棱镜）和若干个反射镜或透镜所组成，色散元件对分辨能力要求不高，但要求有较大的集光本领。使用单色器的仪器称为色散原子荧光光度计；非色散原子荧光光谱仪没有单色器，一般仅配置滤光器用来分离分析线和邻近谱线，降低背景。非色散型仪器滤光器的优点是照明立体角大，光谱通带宽，荧光信号强度大，仪器结构简单，操作方便，价格便宜；缺点是散射光的影响大。

（4）检测器

常用的检测器是光电倍增管，在多元素原子荧光光谱仪中，也用光导摄像管、析像管作检测器。检测器与激发光束成直角，以避免激发光源对检测原子荧光信号的影响。

实验四十三 氢化物-原子荧光光谱法测定水中总砷含量

【实验目的】

1. 掌握氢化物-原子荧光光谱法的基本原理。
2. 熟悉氢化物-原子荧光光谱仪的基本结构及使用方法。

【实验原理】

氢化物-原子荧光光谱法是利用化学反应使待测元素生成易挥发的氢化物，用氩气（载气）将其带出再导入石英原子化器中而与基体其他共存元素相分离。所生成的氢化物在石英原子化器的氩氢火焰中很容易被原子化。生成的基态原子蒸气吸收了以特种空心阴极灯为激发光源发出的特征谱线而被激发，当电子跃迁返回基态或较低能级时发出荧光。其荧光强度在一定浓度范围内与待测元素的含量成正比。即：

$$I = kc$$

该方法适合于分析能生成氢化物的元素，如砷（As）、锑（Sb）、铋（Bi）、硒（Se）等以及可形成气态组分的元素，如汞（Hg）、镉（Cd）、锌（Zn）等。如测定溶液中的砷时，以盐酸为介质，硼氢化钾作还原剂，使 As^{3+} 生成 AsH_3：

$$KBH_4 + H_2O + H^+ \longrightarrow H_3BO_3 + K^+ + 5H \cdot$$

$$5H \cdot + As^{3+} \longrightarrow AsH_3 + H_2 \uparrow$$

溶液中的 As^{5+} 在酸性条件下可用硫脲-抗坏血酸还原为 As^{3+}，此时测定的是总砷含量。

由于所有可形成氢化物的元素的荧光波长都位于紫外光区，AF-610A 原子荧光光谱仪采用了无色散系统和日盲光电倍增管检测，以提高仪器的灵敏度，同时与流动注射分析技术相结合，实现了自动化分析。

【仪器和试剂】

仪器：AF-610A 原子荧光光谱仪（北京瑞利分析仪器公司），砷特种空心阴极灯，25mL 比色管，1.5mL 吸量管，20mL 移液管。

试剂：

1mg/mL 砷标准储备溶液：国家标准物质溶液。

0.25μg/mL 砷标准使用液：吸取 1mg/mL 砷标准储备液，用 10% HCl 逐级稀释至 0.25μg/mL。

硫脲（50g/L）-抗坏血酸（50g/L）混合溶液：称取 5g 硫脲（CH_4N_2S）、5g 抗坏血酸 $C_6H_8O_6$ 溶于纯水中，稀释至 100mL，用时现配。

7g/L 硼氢化钾溶液：称取 2g 氢氧化钾溶于 200mL 纯水中，加入 7g 硼氢化钾并使之溶解，用纯水稀释至 1000mL。

（1+1）盐酸溶液（V/V）。

1%盐酸溶液：作载流用。

含砷试样及自来水水样。

【实验步骤】

1. 标准系列及样品溶液的配制

① 标准系列：吸取 0.25μg/mL 砷标准使用液 0mL、0.20mL、0.40mL、0.80mL、1.50mL、3mL 于 6 个 25mL 比色管中，加盐酸（1+1）和硫脲-抗坏血酸混合溶液各 2.5mL，以纯水稀释定容至 25mL，摇匀。

② 样品溶液：分别吸取自来水水样 20mL、试样 5mL 于 25mL 比色管中，加（1+1）盐酸和硫脲-抗坏血酸混合溶液各 2.5mL，定容，摇匀，放置 10min 后测定荧光强度。

2. 分析测定

① 打开右箱体上盖（灯室），安装好待测元素空心阴极灯，将泵管连接好，将调节手柄置于最下方处开始向上扳 2 个齿（即听到 2 次"咔"声），控制流量。在确认电源正确后，按微机、主机和打印机顺序开启电源。

② 按工作站操作说明，调整好仪器工作参数值，见表 4-4。

③ 输入样品信息 元素：As；样品类型：液体；含量单位：μg/L；样品重复：1~2 次；样品空白：是；样品量：5~20mL；稀释体积：10~25mL。

④ 参数值确定后空心阴极灯点亮，将调光器放在石英炉原子化器上，调节空心阴极灯的上下、左右位置，使光斑对准十字线中心，取下调光器。开启点火开关，原子化器上部炉丝点亮，然后预热 20~30min，在预热期间无须开启氩气。

表 4-4 工作参数值

仪器参数	参数值	仪器参数	参数值
负高压	260～280V	测量方式	标准曲线法
灯电流	80～100mA	信号类型	峰面积
辅助阴极电流	20～40mA	读数时间	12～14s
原子化器高度	7mm	延时时间	1～2s
原子化器温度	室温档(点火)	载流	1% HCl(体积分数)
载气流量	800～1000mL/min	KBH_4 浓度	1%～1.5%

⑤ 预热完毕后开启气瓶，调节次级输出压力为 0.15～0.20MPa，调节载气流量旋钮，使气体流量为 800～1000mL/min。

⑥ 从稀到浓依次测定标准系列各溶液，并记录荧光信号值。仪器自动以比色管中砷浓度为横坐标，荧光信号值为纵坐标绘制标准曲线。

⑦ 样品测定及结果计算与标准系列溶液测定方法相同，测定并记录荧光信号值，自动计算出样品中的砷浓度（$\mu g/L$）。

【注意事项】

1. 注意打开通风设备，因测试过程中会产生有害气体。

2. 测试前应检查泵管的吸液管是否已分别插入载流（或样品）和硼氢化钾的溶液内，不要放错位置。

3. 为提高泵管的使用寿命，应定期向泵管和弧形压块中滴加硅油。

4. 在测定时，应特别注意载流空白，发现空白值很高时，应及时检查所使用的酸是否含有被测元素，更换其他生产厂的酸，或使用较高纯度酸进行对比。同时注意容器是否被污染，如有污染则应重新处理容器和重新配制载流和 KBH_4。

5. 测试工作完毕后，应将两个吸液管放入盛有去离子水的烧杯中，蠕动泵继续运行，清洗管道。然后关闭氩气，关闭仪器、计算机和总电源，松开蠕动泵上部流量控制调节装置，防止泵管长期受压。

6. 测试工作完毕后，应及时将废液桶中的废液清除。清除实验台面上各种试液，以防止仪器受酸气的侵蚀。

六、电感耦合等离子体发射光谱法

1. 方法概述

电感耦合等离子体发射光谱法是以等离子体为激发光源的发射光谱分析方法，可进行多种元素的同时测定，适用于各类药品中痕量和常量元素的分析，尤其是矿物类中药、营养补充剂等药品中元素的定性、定量测定。

样品由载气（氩气）引入雾化系统进行雾化后，以气溶胶形式进入等离子体的轴向通道内，在高温和惰性气氛中被充分蒸发、原子化、电离和激发，发射出所含元素的特征谱线。根据特征谱线的存在与否，鉴别样品中是否含有某种元素（定性分析）；根据特征谱线强度确定样品中相应元素的含量（定量分析）。

2. 电感耦合等离子体发射光谱仪

电感耦合等离子体发射光谱仪由进样系统、光源、色散系统、检测系统等构成，另有数据处理系统、冷却系统、气体控制系统等。

① 进样系统：按样品状态不同可以分为液体、气体或固体进样，通常采用液体进样方式。样品引入系统由两个主要部分组成：样品提升部分和雾化部分。样品提升部分一般为蠕动泵，也可使用自提升雾化器。雾化部分包括雾化器和雾化室。样品以泵入方式或自提升方式进入雾化器后，在载气作用下形成小雾滴并进入雾化室，大雾滴碰到雾化室壁后被排除，只有小雾滴可进入等离子体源。

② 光源：电感耦合等离子体光源的"点燃"，需具备持续稳定的高纯氩气流、炬管、感应圈、高频发生器，冷却系统等条件。样品气溶胶被引入等离子体源后，在 6000～10000K 的高温下，发生去溶剂、蒸发、解离、激发、电离、发射谱线等过程。据光路采光方向，光源可分为水平观察 ICP 源和垂直观察 ICP 源。双向观察 ICP 光源可实现垂直/水平双向观察。实际应用中宜根据样品基质、待测元素、波长、灵敏度等因素选择合适的观察方式。

③ 色散系统：电感耦合等离子体发射光谱仪的色散系统采用棱镜和光栅进行分光，光源发出的复合光经色散系统分解成按波长顺序排列的谱线，形成光谱。

④ 检测系统：电感耦合等离子体发射光谱仪的检测系统为光电转换器，它是利用光电效应将不同波长光的辐射能转化成电信号。常见的光电转换器有光电倍增管和固态成像系统两类。固态成像系统是一类以半导体硅片为基材的光敏元件制成的多元阵列集成电路式的焦平面检测器，具有多谱线同时检测能力，同时具有检测速度快、动态线性范围宽、灵敏度高等特点。检测系统应保持性能稳定，具有良好的灵敏度、分辨率和光谱响应范围。

⑤ 冷却系统：冷却系统包括排风系统和循环水系统，其功能主要是有效地排出仪器内部的热量。循环水温度和排风口温度应控制在仪器要求范围内。

⑥ 气体控制系统：气体控制系统须稳定正常运行，氩气的纯度应不小于 99.99%。

3. 样品制备

制备样品所用试剂一般是酸类，包括硝酸、盐酸、过氧化氢、高氯酸、硫酸、氢氟酸，以及混合酸如王水等，纯度应为优级纯。其中硝酸引起的干扰最小，是样品溶液制备的首选酸。实验用水应为去离子水。制备溶液时应同时制备试剂空白，标准溶液的介质和酸度应与样品溶液保持一致。

① 干法制样：将适量样品放入铂坩埚或瓷坩埚中，放入马弗炉中缓慢升温，在 500～600℃ 下灰化数小时，冷却后用少量酸加热溶解残渣，转移至容量瓶中，定容待测。

② 湿法制样：根据样品的实际情况，可采用去离子水溶解制样、强氧化性酸或混合酸消化分解样品后制样。

4. 分析方法

分析谱线应选择干扰少、灵敏度高的谱线。

定性分析：对比原子发射光谱中各元素特征谱线可确定样品中含有的元素种类。其中特征谱线最强的为元素的灵敏线。

定量分析：常用的有标准曲线法和标准加入法。

实验四十四　电感耦合等离子体发射光谱法测定水样中的多种元素

【实验目的】

1. 学习电感耦合等离子体发射光谱分析的基本原理。

2. 了解电感耦合等离子体发射光谱仪的结构及简单操作方法。
3. 掌握电感耦合等离子体发射光谱仪测定水样中多元素含量的方法。

【实验原理】

电感耦合等离子体（ICP）是原子发射光谱的重要光源。其原理是样品试液被雾化后带进 ICP 焰炬，在 ICP 焰炬的高温下被原子化，发射元素特征光谱，经分光后记录下来，从而建立起对待测元素进行定量分析的方法。ICP 发射光谱法具有分析精度高、样品范围广、动态线性范围宽、多种元素同时测定、可定性及半定量分析等优点。

【仪器和试剂】

仪器：Optima4300DV 型电感耦合等离子体发射光谱仪（美国 PerkinElmer 公司制造）内含中阶梯二维色散分光系统，可拆卸石英炬管，GemTipTm 型交叉雾化器，三通道蠕动泵，分段式电感耦合检测器 SCD，40MHz 自激式射频发生器，CFT-33 水冷循环系统。

试剂：水样，HNO_3（优级纯）。溶液配制使用二次蒸馏水。

标准溶液：使用 PerkinElmer 公司提供的型号为 PE♯N9300221、N0691579、N069-1580、N0582152、N9302946 的标准溶液配制的混合标准溶液（表 4-5）。

表 4-5 多元素混合标准溶液浓度　　　　　　　　　　单位：mg/L

元素	Al	B	Cd	Cu	Fe	Li	Mg	Mn	Ni
标准液 1	0.04	0.04	0.04	0.04	0.04	0.04	0.04	0.04	0.04
标准液 2	0.2	0.2	0.2	0.2	0.2	0.2	0.2	0.2	0.2
标准液 3	2	2	2	2	2	2	2	2	2

【实验步骤】

1. 实验条件

① 测试参数　a. ICP 发生器：功率 1.3kW；频率：40MHz。b. 炬管：三层同轴石英玻璃管。c. 雾化器：交叉式雾化器。d. 感应线圈：2 匝。e. 氩载气流量：0.2L/min。f. 氩冷却气流量：15L/min。g. 氩工作气流量：0.8L/min。h. 样品进样量：1.5mL/min。

② 元素分析波长　见表 4-6。

表 4-6 元素分析波长表

元素	Al	B	Cd	Cu	Fe	Li	Mg	Mn	Ni
波长/nm									

2. 水样分析

① 标准溶液的配制　准确移取混合标准溶液，用 5％稀硝酸配制标准溶液系列。

② 测定　按仪器操作说明开机后，用软件建立分析方法，设置分析参数。然后把空白、标准溶液、水样依次进样，经软件校准后输出分析结果。

【数据处理】

水样中金属离子含量：

元素	Al	B	Cd	Cu	Fe	Li	Mg	Mn	Ni
含量/(mg/L)									

【思考题】

1. 简述等离子焰炬的形成过程。
2. 简述电感耦合等离子体发射光谱法的优点和缺点。

第五节　质　谱　法

1. 方法概述

质谱法（mass spectrometry，MS）即用电场和磁场将运动的离子（带电荷的原子、分子或分子碎片，有分子离子、同位素离子、碎片离子、重排离子、多电荷离子、亚稳离子、负离子和离子-分子相互作用产生的离子）按它们的质荷比分离后进行检测的方法。测出离子准确质量即可确定离子的化合物组成。这是由于核素的准确质量是一多位小数，绝不会有两个核素的质量是一样的，而且绝不会有一种核素的质量恰好是另一核素质量的整数倍。分析这些离子可获得化合物的分子量、化学结构、裂解规律和由单分子分解形成的某些离子间存在的某种相互关系等信息。质谱法是纯物质鉴定的最有力工具之一，其中包括分子量测定、化学式的确定及结构鉴定等。

使试样中各组分电离生成不同荷质比的离子，经加速电场的作用，形成离子束，进入质量分析器，利用电场和磁场使离子束发生相反的速度色散——离子束中速度较慢的离子通过电场后偏转大，速度快的偏转小；在磁场中离子发生角速度矢量相反的偏转，即速度慢的离子依然偏转大，速度快的偏转小；当两个场的偏转作用彼此补偿时，它们的轨道便相交于一点。与此同时，在磁场中还能发生质量的分离，这样就使具有同一质荷比而速度不同的离子聚焦在同一点上，不同质荷比的离子聚焦在不同的点上，将它们分别聚焦而得到质谱图，从而确定其质量。

质谱法还可以进行有效的定性分析，但对复杂有机化合物分析就无能为力了，而且在进行有机物定量分析时要经过一系列分离纯化操作，十分麻烦。而色谱法对有机化合物是一种有效的分离和分析方法，特别适合进行有机化合物的定量分析，但定性分析则比较困难，因此两者的有效结合成为了对复杂化合物高效定性定量分析的工具。

质谱法特别是质谱仪与色谱仪及计算机联用的方法，已广泛应用在有机化学、生物化学、药物代谢、临床、毒物学、农药测定、环境保护、石油化学、地球化学、食品化学、植物化学、宇宙化学和国防化学等领域。用质谱仪作多离子检测，可用于定性分析，例如，在药理生物学研究中能以药物及其代谢产物在气相色谱图上的保留时间和相应质量碎片图为基础，确定药物和代谢产物的存在；也可用于定量分析，用被检测化合物的稳定性同位素异构体作为内标，以取得更准确的结果。质谱仪种类繁多，不同仪器应用特点也不同，一般来说，在300℃左右能气化的样品，可以优先考虑用GC-MS进行分析，因为GC-MS使用EI源，得到的质谱信息多，可以进行库检索。毛细管柱的分离效果也好。如果在300℃左右不能气化，则需要用LC-MS分析，此时主要得到分子量信息，如果是串联质谱，还可以得到一些结构信息。如果是生物大分子，主要利用LC-MS和MALDI-TOF分析，主要得到分子量信息。对于蛋白质样品，还可以测定氨基酸序列。质谱仪的分辨率是一项重要技术指标，高分辨质谱仪可以提供化合物组成式，这对于结构测定是非常重要的。双聚焦质谱仪，傅里叶变换质谱仪，带反射器的飞行时间质谱仪等都具有高分辨功能。

质谱分析法对样品有一定的要求。进行 GC-MS 分析的样品应是有机溶液，水溶液中的有机物一般不能测定，须进行萃取分离变为有机溶液，或采用顶空进样技术。有些化合物极性太强，在加热过程中易分解，例如有机酸类化合物，此时可以进行酯化处理，将酸变为酯再进行 GC-MS 分析，由分析结果可以推测酸的结构。如果样品不能气化也不能酯化，那就只能进行 LC-MS 分析了。进行 LC-MS 分析的样品最好是水溶液或甲醇溶液，LC 流动相中不应含不挥发盐。对于极性样品，一般采用 ESI 源，对于非极性样品，采用 APCI 源。

2. 质谱仪

质谱分析法基本原理是使所研究的混合物或单体形成离子，然后使形成的离子按质量，确切地说按质荷比 m/z 进行分离。因此，质谱仪必须具有以下几个部分：进样系统、离子源、质量分析器、离子检测器，此外还有真空系统和计算机及数据处理等。

① 进样系统：可以通过气体扩散、直接进样、GC 进样、LC 进样。

② 离子源：使样品电离产生带电粒子（离子）束的装置。应用最广的电离方法是电子轰击法，其他还有化学电离、光致电离、场致电离、激光电离、火花电离、表面电离、X 射线电离、场解吸电离和快原子轰击电离等方法。其中场解吸电离和快原子轰击特别适合测定挥发性小和对热不稳定的化合物。

③ 质量分析器：将离子束按质荷比进行分离的装置。它的结构有单聚焦、双聚焦、四极矩、飞行时间和离子阱等。质量分析器的作用是将离子源中形成的离子按质荷比的大小不同分开。质量分析器可分为静态分析器和动态分析器两类。

④ 离子检测器：最常用的是电子倍增器，渠道式电子倍增器阵列是具有高灵敏度的质谱离子检测器。

3. 质谱的解析

质谱解析步骤大致如下：

① 确认分子离子峰，并由其求得分子量和分子式，计算不饱和度。

② 找出主要的离子峰（一般指相对强度较大的离子峰），并记录这些离子峰的质荷比 (m/z) 和相对强度。

③ 对质谱中分子离子峰或其他碎片离子峰丢失的中性碎片的分析也有助于图谱的解析。

④ 找出母离子和子离子，或用亚稳扫描技术找出亚稳离子，把这些离子的质荷比读到小数点后一位。

⑤ 配合元素分析、UV、IR、NMR 和样品理化性质的测试结果，提出试样的结构式。最后将所推定的结构式按相应化合物裂解的规律，检查各碎片离子是否符合。若没有矛盾，就可确定可能的结构式。

⑥ 已知化合物可用标准图谱对照来确定结构是否正确，这步工作可由计算机自动完成。对新化合物的结构，最终结论要用合成此化合物并做波谱分析的方法来确证。

实验四十五　气相色谱-质谱联用定性分析正构烷烃

【实验目的】

1. 了解 GC-MS 的基本构造及操作。
2. 掌握 GC-MS 的工作原理。

3. 掌握保留时间、峰宽、理论塔板数等基本概念和实际意义。

4. 初步学会质谱图的解析。

【实验原理】

色谱法是分离有机化合物的一种有效方法,但在缺乏标准物质时难以进行定性分析;质谱法可以进行有效的定性分析,但对混合物样品的定性分析却比较困难。气相色谱和质谱的有效结合既利用了气相色谱的分离能力,又充分发挥了质谱的定性功能,再结合谱库检索,就能对混合物进行有效的分析,得到满意的结果。

气相色谱柱一般有填充柱和毛细管柱,毛细管柱的分离效率更高,效果更好。毛细管柱的柱效可用理论塔板数来表示:

$$n = 16(t_R/W)^2$$

式中,n 为理论塔板数;t_R 为保留时间;W 为峰宽。

在进行定性分析时,MS 可以提供分子量信息以及丰富的碎片离子信息,为分析鉴定有机化合物的结构提供数据,为离子结构对应的分子组成、质量的精确测定提供充分的实验依据。

正构烷烃是广泛存在于土壤、沉积物、石油和煤等地质体中的一类有机物,化学稳定性高,有较好的指示气候和环境的作用,是重要的生物标志化合物之一。正构烷烃显示弱的分子离子峰,但具有典型的 C_nH_{2n+1} 系列和 C_nH_{2n-1} 系列离子峰,其中含 3 个或 4 个碳的离子丰度最大。

本实验对正构烷烃混合物中各成分进行定性分析。

【仪器和试剂】

仪器:岛津 GCMS-QP2010 Plus 气相色谱质谱联用仪,Rxi-1MS(30m×0.25mm i.d.×0.25 石英毛细管柱)。

试剂:高纯 He(99.999%),正构烷烃标准品等。

【实验步骤】

① 打开 GC-MS Analysis Editor 软件,创建本次实验方法。方法内容如下:

a. GC 条件 进样口温度:250℃;进样方式:分流,高压进样(250kPa);升温程序:初始温度90℃,保持3min,以20℃/min升温到105℃,以11℃/min升温至240℃,以5℃/min升至310℃,保持2min;流量控制方式:线速度,42.3mL/min。

b. MS 条件 离子源温度:250℃;接口温度:250℃;溶剂延迟时间:2.3min;采集方式:Scan,开始时间2.8min,结束时间32min,扫描质荷化范围29~500,方法创建好之后保存于相应文件夹中。

② 打开 GC-MS Real Time Analysis 软件,调入所建方法文件,点击"样品登录"设定数据保存目录,然后点击"待机"按钮。

③ 当 GC 与 MS 均显示"准备就绪"时,使用微量注射器吸取样品溶液 1μL 进样,并点击"开始"按钮。

④ 待 GC-MS 运行完毕,打开 GC-MS Postrunm Analysis 软件,观察实验所得的色谱峰与质谱图,进行相似度检索,与标准谱库对照,定性分析样品中的组分,处理数据并提交实验报告。

【数据处理】

根据色谱流出曲线指出正十五烷、二十二烷、二十八烷、三十三烷分别是哪个峰,并指出其保留时间和峰宽。

【思考题】

1. 分流进样和不分流进样的区别在哪里？分别适用于哪种情况？
2. 计算二十六烷的理论塔板数。

实验四十六　液质联用定性分析苯甲酸和十六烷基三甲基溴化铵

【实验目的】

1. 了解液相色谱仪和质谱仪的原理、基本构造，熟悉仪器的操作流程。
2. 学会运用液质联用仪检测样品，会选择合适的方法运用色谱对混合物中的目标物进行分离。
3. 会选择合适的质谱电离源检测样品，能从所得的质谱图中指认出相应物质对应的质荷比，能对谱图做定性的描述。

【实验原理】

色谱分析是运用物种在固定相和流动相两相间的分配系数不同而达到分离效果的一种分离技术，主要目的是对混合物中目标产物进行分离和定量。质谱是通过测定样品的质荷比来进行分析的一种方法。通过液质联用（LC-MS）技术可实现样品的分离和定量分析，达到快速、灵敏的效果。

液质联用系统的常见部件：HPLC(色谱分离)→接口(样品引入)→离子源(离子化)→分析器→检测器(离子检测)→数据处理(数据采集及控制)→色谱图。质谱仪器构成：真空系统、电喷雾离子源、质量分析器及检测器。

【仪器和试剂】

仪器：Waters ZQ 液质联用仪（LC-MS）。

试剂：甲醇溶液，苯甲酸，十六烷基三甲基溴化铵（CTAB）。

【实验步骤】

① 打开仪器开关和计算机电源。
② 待仪器运转正常，打开测试软件，先用甲醇清洗柱子（在 Load 状态下进样，在 Inject 状态下分析）。
③ 选择分析模式（正、负离子模式），输入分析的样品名。
④ 利用软件进行数据分析。

【数据处理】

根据谱图指出苯甲酸和十六烷基三甲基溴化铵所对应的谱线，并指出其质荷比。

【思考题】

1. 比较气质联用（GC-MS）和液质联用（LC-MS）的异同。
2. 简述有机分子的裂解方式。

附　录

附录一　市售酸碱的浓度和密度

试剂	密度/(g/L)	浓度/(mol/L)	含量/%
盐酸	1.18~1.19	11.6~12.4	36~38
硝酸	1.39~1.40	14.4~15.2	65.0~68.0
硫酸	1.83~1.84	17.8~18.4	95~98
磷酸	1.69	14.6	85
高氯酸	1.68	11.7~12.0	70.0~72.0
醋酸	1.04	6.2~6.4	36.0~37.0
冰醋酸	1.05	17.4	99.8(优级纯);99.5(分析纯);~99.0(化学纯)
氢氟酸	1.13	22.5	40
氨水	0.88~0.90	13.3~14.8	25.0~28.0

附录二　常用指示剂

1. 酸碱指示剂

指示剂名称	变色 pH 范围	颜色变化	配制方法
甲基紫	0.13~0.5	黄~绿	0.1%水溶液(将 0.1g 甲基橙溶于 100mL 热水中)
	1.0~1.5	绿~蓝	
	2.0~3.0	蓝~紫	
百里酚蓝	1.2~2.8	红~黄	0.1g 指示剂溶于 100mL 20%乙醇中
甲基红	4.4~6.2	红~黄	0.1 或 0.2g 指示剂溶于 100mL 60%乙醇中
溴酚蓝	3.0~4.6	黄~紫	0.1g 指示剂溶于 100mL 20%乙醇中
甲基橙	3.1~4.4	红~黄	0.1%水溶液
溴甲酚绿	3.8~5.4	黄~蓝	0.1g 指示剂溶于 100mL 20%乙醇中
溴百里酚蓝	6.0~7.6	黄~蓝	0.05g 指示剂溶于 100mL 20%乙醇中

续表

指示剂名称	变色pH范围	颜色变化	配制方法
酚酞	8.2~10.0	无色~紫红	0.1g 指示剂溶于100mL 60%乙醇中
百里酚酞	9.3~10.5	无色~蓝	0.1g 酚酞溶于90mL乙醇中,加水稀释到100mL
甲基红-溴甲酚绿	5.1(灰)	酒红~绿	3份 0.1%溴甲酚绿乙醇溶液 1份 0.2%甲基红乙醇溶液
中性红-亚甲基蓝	7.0	紫蓝~绿	0.1%中性红、亚甲基蓝乙醇溶液各1份
甲酚红-百里酚蓝	8.3	黄~紫	1份 0.1%甲酚红钠盐水溶液 3份 0.1%百里酚酞钠盐水溶液
百里酚酞-茜素黄R	10.2	黄~紫	0.2g 百里酚酞和0.1g 茜素黄R溶于100mL乙醇中

2. 金属离子指示剂

指示剂名称	测定的离子	颜色变化	pH范围	配制方法
铬黑T(EBT)	Mg^{2+}, Zn^{2+}, Cd^{2+}, Pb^{2+} 等	酒红~蓝	8~11	0.1g 铬黑T和10g 氯化钠混合均匀
二甲酚橙(XO)	Bi^{3+}, Zn^{2+}, Cd^{2+}, Pb^{2+}, Hg^{2+} 及稀土等	紫红~亮黄	6.3	0.5%乙醇溶液
钙指示剂	Ca^{2+}	酒红~蓝	13.5	0.1g 钙指示剂和10g 氯化钠混合均匀
吡啶偶氮萘酚(PAN)	Bi^{3+}, Cu^{2+}, Ni^{2+}, Th^{4+} 等	紫红~黄	1.9~12.2	0.1%乙醇溶液
磺基水杨酸	Fe^{3+}	红紫~黄	1.5~2	1%~2%水溶液
双硫腙	Zn^{2+}	红~绿紫	4.5	0.03%乙醇溶液

3. 氧化还原指示剂

指示剂名称	变色点电势 $[H^+]=1mol \cdot L^{-1}$	颜色变化 氧化态	颜色变化 还原态	配制方法
二苯胺	0.76	紫	无色	10g/L 的浓硫酸溶液
二苯胺磺酸钠	0.85	紫红	无色	5g/L 的水溶液
邻二氮菲亚铁	1.06	淡蓝	红	1.485g 邻二氮菲和0.695g $FeSO_4 \cdot 7H_2O$,用水稀释至100mL
邻苯氨基苯甲酸	0.89	紫红	无色	0.11g 邻苯氨基苯甲酸溶于20mL 5% Na_2CO_3 溶液中,加水稀释至100mL
亚甲基蓝	0.52	蓝	无色	0.05%水溶液

4. 吸附指示剂

名称	被测离子	颜色变化	滴定条件	制备方法
荧光黄	Cl^-, Br^-, I^-, SCN^-	黄绿~粉红	pH 7~10	1%钠盐水溶液
二氯荧光黄	Cl^-, Br^-, I^-	黄绿~粉红	pH 4~10	1%钠盐水溶液
四溴荧光黄(曙红)	Br^-, I^-, SCN^-	粉红~红紫	pH 2~10	1%钠盐水溶液

附录三　常用缓冲溶液的配制

组成	pK_a	配制方法
氨基乙酸-HCl	2.35	150g 氨基乙酸溶于 500mL 水中，加 80mL 浓 HCl，稀释至 1L
一氯乙酸-NaOH	2.86	200g 一氯乙酸溶于 200mL 水中，加 40g NaOH，溶解后，稀释至 1L
邻苯二甲酸氢钾-HCl	2.95	50g 邻苯二甲酸氢钾溶于 500mL 水中，加 80mL 浓 HCl，稀释至 1L
甲酸-NaOH	3.76	95g 甲酸和 40g NaOH，溶于 500mL 水中，稀释至 1L
NaAc-HAc	4.74	83g 无水 NaAc 溶于水中，加 60mL 冰醋酸，稀释至 1L
六亚甲基四胺-HCl	5.15	40g 六亚甲基四胺溶于 200mL 水中，加 10mL 浓 HCl，稀释至 1L
三羟甲基氨基甲烷-HCl	8.21	25g 三羟甲基氨基甲烷(Tris)溶于水中，加 8mL 浓 HCl，稀释至 1L
NH_3-NH_4Cl	9.26	54g NH_4Cl 溶于水中，加 63mL 浓氨水，稀释至 1L

附录四　常用基准物质的干燥及应用

名称	化学式	干燥条件	标定对象
硝酸银	$AgNO_3$	280～290℃	卤化物、硫氰酸盐
三氧化二砷	As_2O_3	室温干燥器中保存	I_2
碳酸钙	$CaCO_3$	110～120℃	EDTA
铜	Cu	室温干燥器中保存	KI
氯化钾	KCl	500～600℃	$AgNO_3$
邻苯二甲酸氢钾	$KHC_8H_4O_4$	110～120℃	NaOH、$HClO_4$
溴酸钾	$KBrO_3$	130℃	$Na_2S_2O_3$
草酸	$H_2C_2O_4 \cdot 2H_2O$	室温空气中干燥	NaOH
碘酸钾	KIO_3	120～140℃	$Na_2S_2O_3$
重铬酸钾	$K_2Cr_2O_7$	140～150℃	$FeSO_4$、$Na_2S_2O_3$
氯化钠	NaCl	500～600℃	$AgNO_3$
硼砂	$Na_2B_4O_7 \cdot 10H_2O$	含 NaCl-蔗糖饱和溶液的干燥器中保存	HCl、H_2SO_4
碳酸钠	Na_2CO_3	270～300℃	HCl、H_2SO_4
草酸钠	$Na_2C_2O_4$	130℃	$KMnO_4$
锌	Zn	室温干燥器中保存	EDTA
氧化锌	ZnO	900～1000℃	EDTA

附录五 弱电解质的电离常数
（约 0.1～0.01mol/L 水溶液）

1. 弱酸的电离常数

酸	温度/℃	级	K_a	pK_a
砷酸(H_3AsO_4)	18	1	5.62×10^{-3}	2.25
	18	2	1.70×10^{-7}	6.77
	18	3	3.95×10^{-12}	11.60
亚砷酸(H_3AsO_3)	25		6×10^{-10}	9.23
正硼酸(H_3BO_3)	20		7.3×10^{-10}	9.14
碳酸(H_2CO_3)	25	1	4.30×10^{-7}	6.37
	25	2	5.61×10^{-11}	10.25
铬酸(H_2CrO_4)	25	1	1.8×10^{-1}	0.74
	25	2	3.20×10^{-7}	6.49
氢氰酸(HCN)	25		4.93×10^{-10}	9.31
氢氟酸(HF)	25		3.53×10^{-4}	3.45
氢硫酸(H_2S)	18	1	9.1×10^{-8}	7.04
	18	2	1.1×10^{-12}	11.96
过氧化氢(H_2O_2)	25		2.4×10^{-12}	11.62
次溴酸(HBrO)	25		2.06×10^{-9}	8.69
次氯酸(HClO)	18		2.95×10^{-8}	7.53
次碘酸(HIO)	25		2.3×10^{-11}	10.64
碘酸(HIO_3)	25		1.69×10^{-1}	0.77
亚硝酸(HNO_2)	12.5		4.6×10^{-4}	3.37
高碘酸(HIO_4)	25		2.3×10^{-2}	1.64
正磷酸(H_3PO_4)	25	1	7.52×10^{-3}	2.12
	25	2	6.23×10^{-8}	7.21
	18	3	2.2×10^{-12}	12.67
亚磷酸(H_3PO_3)	18	1	1.0×10^{-2}	2.00
	18	2	2.6×10^{-7}	6.59

续表

酸	温度/℃	级	K_a	pK_a
焦磷酸($H_4P_2O_7$)	18	1	1.4×10^{-1}	0.85
	18	2	3.2×10^{-2}	1.49
	18	3	1.7×10^{-6}	5.77
	18	4	6×10^{-9}	8.22
硒酸(H_2SeO_4)	25	2	1.2×10^{-2}	1.92
亚硒酸(H_2SeO_3)	25	1	3.5×10^{-3}	2.46
	25	2	5×10^{-8}	7.31
硅酸(H_2SiO_3)	常温	1	2×10^{-10}	9.70
	常温	2	1×10^{-12}	12.00
硫酸(H_2SO_4)	25	2	1.20×10^{-2}	1.92
亚硫酸(H_2SO_3)	18	1	1.54×10^{-2}	1.81
	18	2	1.02×10^{-7}	6.91
甲酸(HCOOH)	20		1.77×10^{-4}	3.75
醋酸(HAc)	25		1.76×10^{-5}	4.75
草酸($H_2C_2O_4$)	25	1	5.90×10^{-2}	1.23
	25	2	6.40×10^{-5}	4.19

2. 弱碱的电离常数

碱	温度/℃	级	K_b	pK_b
氨水($NH_3 \cdot H_2O$)	25		1.79×10^{-5}	4.75
氢氧化铍[$Be(OH)_2$]	25	2	5×10^{-11}	10.30
氢氧化钙[$Ca(OH)_2$]	25	1	3.74×10^{-3}	2.43
	30	2	4.0×10^{-2}	1.40
联氨($NH_2 \cdot NH_2$)	20		1.7×10^{-6}	5.77
羟胺(NH_2OH)	20		1.07×10^{-8}	7.97
氢氧化铅[$Pb(OH)_2$]	25		9.6×10^{-4}	3.02
氢氧化银(AgOH)	25		1.1×10^{-4}	3.96
氢氧化锌[$Zn(OH)_2$]	25		9.6×10^{-4}	3.02

附录六 某些配离子的稳定常数

配离子	$K_稳$	$\lg K_稳$	配离子	$K_稳$	$\lg K_稳$
1∶1			1∶3		
$[NaY]^{3-}$	5.0×10^1	1.69	$[Fe(NCN)_3]^0$	2.0×10^3	3.30
$[AgY]^{3-}$	2.0×10^7	7.30	$[CdI_3]^-$	1.2×10^1	1.07
$[CuY]^{2-}$	6.8×10^{18}	18.79	$[Cd(CN)_3]^-$	1.1×10^4	4.04
$[MgY]^{2-}$	4.9×10^8	8.69	$[Ag(CN)_3]^{2-}$	5.0×10^0	0.69
$[CaY]^{2-}$	3.7×10^{10}	10.56	$[Ni(en)_3]^{2+}$	3.9×10^{18}	18.59
$[SrY]^{2-}$	4.2×10^8	8.62	$[Al(C_2O_4)_3]^{3-}$	2.0×10^{16}	16.30
$[BaY]^{2-}$	6.0×10^7	7.77	$[Fe(C_2O_4)_3]^{3-}$	1.6×10^{20}	20.20
$[ZnY]^{2-}$	3.1×10^{16}	16.49	1∶4		
$[CdY]^{2-}$	3.8×10^{16}	16.57	$[Cu(NH_3)_4]^{2+}$	4.8×10^{12}	12.68
$[HgY]^{2-}$	6.3×10^{21}	21.79	$[Zn(NH_3)_4]^{2+}$	5.0×10^8	8.69
$[PbY]^{2-}$	1.0×10^{18}	18.00	$[Cd(NH_3)_4]^{2+}$	3.6×10^6	6.55
$[MnY]^{2-}$	1.0×10^{14}	14.00	$[Zn(CNS)_4]^{2-}$	2.0×10^1	1.30
$[FeY]^{2-}$	2.1×10^{14}	14.32	$[Zn(CN)_4]^{2-}$	1.0×10^{16}	16.00
$[CoY]^{2-}$	1.6×10^{16}	16.20	$[Cd(SCN)_4]^{2-}$	1.0×10^3	3.00
$[NiY]^{2-}$	4.1×10^{18}	18.61	$[CdCl_4]^{2-}$	3.1×10^2	2.49
$[FeY]^-$	1.2×10^{25}	25.07	$[CdI_4]^{2-}$	3.0×10^6	6.43
$[CoY]^-$	1.0×10^{36}	36.00	$[Cd(CN)_4]^{2-}$	1.3×10^{18}	18.11
$[CaY]^-$	1.8×10^{20}	20.25	$[Hg(CN)_4]^{2-}$	3.1×10^{41}	41.51
$[InY]^-$	8.9×10^{24}	24.94	$[Hg(SCN)_4]^{2-}$	7.7×10^{21}	21.88
$[TlY]^-$	3.2×10^{22}	22.51	$[HgCl_4]^{2-}$	1.6×10^{15}	15.20
$[TlHY]$	1.5×10^{23}	23.17	$[HgI_4]^{2-}$	7.2×10^{29}	29.80
$[CuOH]^+$	1.0×10^5	5.00	$[Co(NCS)_4]^{2-}$	3.8×10^2	2.58
$[AgNH_3]^+$	20×10^3	3.30	$[Ni(CN)_4]^{2-}$	1.0×10^{22}	22.00
1∶2			1∶6		
$[Cu(NH_3)_2]^+$	7.4×10^{10}	10.87	$[Cd(NH_3)_6]^{2+}$	1.4×10^6	6.15
$[Cu(CN)_2]^-$	2.0×10^{38}	38.30	$[Co(NH_3)_6]^{2+}$	2.4×10^4	4.38
$[Ag(NH_3)_2]^+$	1.7×10^7	7.24	$[Ni(NH_3)_6]^{2+}$	1.1×10^8	8.04
$[Ag(en)_2]^+$	7.0×10^7	7.84	$[Co(NH_3)_6]^{3+}$	1.4×10^{35}	35.15
$[Ag(NCS)_2]^-$	4.0×10^8	8.60	$[AlF_6]^{3-}$	6.9×10^{19}	19.84
$[Ag(CN)_2]^-$	1.0×10^{21}	21.00	$[Fe(CN)_6]^{3-}$	1.0×10^{24}	24.00
$[Au(CN)_2]^-$	2.0×10^{38}	38.30	$[Fe(CN)_6]^{4-}$	1.0×10^{35}	35.00
$[Cu(en)_2]^{2+}$	4.0×10^{19}	19.60	$[Co(CN)_6]^{3-}$	1.0×10^{64}	64.00
$[Ag(S_2O_3)_2]^{3-}$	1.6×10^{13}	13.20	$[FeF_6]^{3-}$	1.0×10^{16}	16.00

注:Y 表示 EDTA 的酸根;en 表示乙二胺。

附录七　化合物的溶度积常数（25℃，$I=0$）

化合物	K_{sp}	化合物	K_{sp}	化合物	K_{sp}
AgAc	2×10^{-3}	$Cr(OH)_3$	1×10^{-31}	$Mg(OH)_2$	1.8×10^{-11}
AgBr	4.95×10^{-13}	$Cu(OH)_2$	2.6×10^{-19}	$Mn(OH)_2$	1.9×10^{-13}
AgCl	1.77×10^{-10}	$CaC_2O_4\cdot H_2O$	2.3×10^{-9}	$MgC_2O_4\cdot2H_2O$	8.5×10^{-5}
AgI	8.3×10^{-17}	CuC_2O_4	4.43×10^{-10}	$MnC_2O_4\cdot2H_2O$	1.70×10^{-7}
Ag_2CO_3	8.1×10^{-12}	CdS	8.0×10^{-27}	$MgNH_4PO_4$	3×10^{-13}
AgOH	1.9×10^{-8}	CoS(α-型)	4.0×10^{-21}	$Mg_3(PO_4)_2$	1.04×10^{-24}
$Ag_2C_2O_4$	1×10^{-11}	CoS(β-型)	2.0×10^{-25}	$NiCO_3$	6.6×10^{-9}
Ag_3PO_4	1.45×10^{-16}	Cu_2S	2×10^{-48}	$Ni(OH)_2$(新制备)	2.0×10^{-15}
Ag_2S	6×10^{-50}	$CaHPO_4$	1×10^{-7}	NiS	1.07×10^{-21}
Ag_3AsO_4	1.12×10^{-20}	$Ca_3(PO_4)_2$	1×10^{-26}	$Ni(丁二酮肟)_2$	4×10^{-24}
$Ag_4[Fe(CN)_6]$	1.6×10^{-41}	$Cd_3(PO_4)_2$	2.5×10^{-33}	$PbBr_2$	4×10^{-5}
AgSCN	1.07×10^{-12}	$Cu_3(PO_4)_2$	1.3×10^{-37}	$PbCl_2$	1.6×10^{-5}
$AgBrO_3$	5.5×10^{-5}	$Cu_2[Fe(CN)_6]$	1.3×10^{-16}	PbF_2	2.7×10^{-8}
$AgIO_3$	3.1×10^{-8}	CuSCN	4.8×10^{-15}	PbI_2	7.1×10^{-9}
$Al(8-羟基喹啉)_3$	5×10^{-33}	CuSCN	4.8×10^{-15}	$PbCO_3$	8×10^{-14}
BaF_2	1.05×10^{-6}	$CuCrO_4$	3.6×10^{-6}	$Pb(OH)_2$	8.1×10^{-17}
$BaCO_3$	4.9×10^{-9}	$CaSO_4$	2.4×10^{-5}	PbC_2O_4	8.51×10^{-10}
BaC_2O_4	1.6×10^{-7}	$CaCrO_4$	7.1×10^{-4}	PbS	3×10^{-27}
$BaCrO_4$	1.17×10^{-10}	$FeCO_3$	3.2×10^{-11}	$Pb_3(PO_4)_2$	8.0×10^{-43}
$BaSO_4$	1.07×10^{-10}	$Fe(OH)_2$	8.0×10^{-16}	$PbCrO_4$	1.8×10^{-14}
$Be(OH)_2$（无定形）	1.6×10^{-22}	$Fe(OH)_3$	3×10^{-39}	$PbSO_4$	1.7×10^{-8}
CaF_2	3.4×10^{-11}	$FeC_2O_4\cdot2H_2O$	3.2×10^{-7}	SrF_2	2.5×10^{-9}
CuBr	5.2×10^{-9}	FeS	6×10^{-18}	$SrCO_3$	9.3×10^{-10}
CuCl	1.2×10^{-3}	$FePO_4\cdot2H_2O$	1.3×10^{-22}	$SrCrO_4$	2.2×10^{-5}
CuI	1.1×10^{-12}	Hg_2Cl_2	1.32×10^{-18}	$Sr(OH)_2$	9×10^{-4}
$CaCO_3$	3.8×10^{-9}	Hg_2I_2	4.5×10^{-29}	$SrC_2O_4\cdot H_2O$	5.6×10^{-8}
$CdCO_3$	3×10^{-12}	HgI_2	2.82×10^{-29}	SnS	1×10^{-25}
$CuCO_3$	1.4×10^{-10}	Hg_2CO_3	8.9×10^{-17}	SnS_2	2×10^{-27}
$Ca(OH)_2$	5.5×10^{-6}	HgS(黑色)	1.6×10^{-52}	$Sn(OH)_2$	8×10^{-29}
$Cd(OH)_2$	3×10^{-14}	HgS(红色)	4×10^{-53}	$ZnCO_3$	1.7×10^{-11}
$Co(OH)_2$（粉红色）	1.09×10^{-15}	Hg_2CrO_4	2.0×10^{-9}	$Zn(OH)_2$	2.1×10^{-16}
$Co(OH)_2$（蓝色）	5.92×10^{-15}	Hg_2SO_4	7.4×10^{-7}	$ZnC_2O_4\cdot2H_2O$	1.38×10^{-9}
$Co(OH)_3$	2×10^{-44}	$MgCO_3$	1×10^{-5}	ZnS	2.93×10^{-25}
$Cr(OH)_2$	2×10^{-16}	$MnCO_3$	5×10^{-10}	$Zn_3(PO_4)_2$	9.1×10^{-33}

附录八　原子吸收分光光度法中常用的分析线

元素	λ/nm	元素	λ/nm	元素	λ/nm
Ag	328.07,338.29	Hg	253.65	Ru	349.89,372.80
Al	309.27,308.22	Ho	410.38,405.39	Sb	217.58,206.83
As	193.64,197.20	In	303.94,325.61	Sc	391.18,402.04
Au	242.80,267.60	Ir	209.26,208.88	Se	196.06,203.99
B	249.68,249.77	K	766.49,769.90	Si	251.61,2501.69
Ba	553.55,455.40	La	50.13,418.73	Sm	429.67,520.06
Be	234.86	Li	670.78,323.26	Sn	224.61,286.33
Bi	223.06,222.83	Lu	35.96,328.17	Sr	460.73,407.77
Ca	422.67,239.86	Mg	285.21,279.55	Ta	271.47,277.59
Cd	228.80,326.11	Mn	279.48,403.68	Tb	432.65,431.89
Ce	520.0,369.7	Mo	313.26,317.04	Te	214.28,225.90
Co	240.71,242.49	Na	589.00,330.30	Th	371.90,380.30
Cr	357.87,359.35	Nb	334.37,358.03	Ti	364.27,337.15
Cs	852.11,455.54	Nd	463.42,471.90	Tl	267.79,377.58
Cu	324.75,327.40	Ni	232.00,341.48	Tm	409.40
Dy	421.17,404.60	Os	290.91,305.87	U	351.46,358.49
Er	400.80,415.11	Pb	216.70,283.31	V	318.40,385.58
Eu	459.40,462.72	Pd	247.64,244.79	W	255.14,294.74
Fe	248.33,352.29	Pr	495.14,513.34	Y	410.24,412.83
Ga	287.42,294.42	Pt	265.95,306.47	Yb	398.80,346.44
Gd	368.41,407.87	Rb	780.02,794.76	Zn	213.86,307.59
Ge	265.16,275.46	Re	346.05,346.07	Zr	360.12,301.18
Hf	307.29,286.64	Rh	343.49,339.69		

附录九　原子吸收分光光度法中的常用火焰

火焰类型	火焰温度/℃	燃烧速度/(cm/s)	火焰特性及应用
空气-乙炔	2300	160	火焰燃烧稳定,重现性好,噪声低,安全简单。对大多数元素具有足够的灵敏度,可分析约35种元素。但对波长小于230nm的辐射有明显地吸收,对易形成难熔氧化物的元素 B、Be、Y、Sc、Ti、Zr、Hf、V、Nb、Ta、W、Th、U 以及稀土元素等原子化效率较低

续表

火焰类型	火焰温度/℃	燃烧速度/(cm/s)	火焰特性及应用
氧化亚氮-乙炔	2955	180	火焰温度高,具有强还原性气氛,适用于难原子化元素的测定,可消除在其他火焰中可能存在的某些化学干扰,可测定70多种元素。但操作较复杂,易发生爆炸,在某些波段内具有强烈的自发射,使信噪比降低,此外对许多被测元素易引起电离干扰
空气-氢气	2050	320	氢火焰具有相当低的发射背景和吸收背景,适用于共振线位于紫外区域的元素(如 As、Se 等)分析
空气-丙烷	1935	82	干扰效应大,适用于那些易挥发和解离的元素,如碱金属和 Cd、Cu、Pb 等

附录十　红外光谱的九个重要区段

波数/cm^{-1}	波长/μm	振动类型
3750~3000	2.7~3.3	ν_{OH}、ν_{NH}
3300~2900	3.0~3.4	ν_{CH}(—C≡C—H、Ar—H、R_2C=C—H),极少数可到 2900cm^{-1}
3000~2700	3.3~3.7	ν_{CH}(—CH_3、—CH_2—、R_3C—H、—CHO)
2400~2100	4.2~4.9	$\nu_{C≡C}$、$\nu_{C≡N}$
1900~1650	5.3~6.1	$\nu_{C=O}$(醛、酮、酸、酯、酸酐、酰胺)
1675~1500	5.9~6.2	$\nu_{C=C}$(脂肪族及芳香族)、$\nu_{C=N}$
1475~1300	6.8~7.7	δ_{C-H}(R_3C—H)(面外)
1300~1000	7.7~10.0	ν_{C-O}、ν_{C-O-O}、ν_{C-N}(醇、醚、胺)
1000~650	10.0~15.4	$\delta_{C=C-H,Ar-H}$(面外)

参 考 文 献

[1] 武汉大学. 分析化学. 第 6 版. 北京：高等教育出版社，2016.
[2] 朱明华，胡坪. 仪器分析. 第 4 版. 北京：高等教育出版社，2008.
[3] 王亦军，吕海涛. 仪器分析实验. 北京：化学工业出版社，2009.
[4] 武汉大学. 分析化学实验. 第 4 版. 北京：高等教育出版社，1999.
[5] 陈华序，郑沛霖，等. 分析化学简明教程. 北京：冶金工业出版社，1989.
[6] 李发美等. 分析化学实验指导. 北京：人民卫生出版社，2004.
[7] 四川大学，浙江大学. 分析化学实验. 第 3 版. 北京：高等教育出版社，2003.
[8] 邓玲灵. 现代分析化学实验. 长沙：中南大学出版社，2002.
[9] 南京大学实验教学组，大学化学实验. 北京：高等教育出版社，1999.
[10] 北京大学化学系分析化学教研室. 基础分析化学实验. 第 2 版. 北京：北京大学出版社，1993.
[11] 陈焕光，李焕然，张大经，等. 分析化学实验. 广州：中山大学出版社，1998.
[12] 丁明玉. 离子色谱原理与应用. 北京：清华大学出版社，2000.
[13] 山东大学，山东师范大学，等. 仪器分析实验. 北京：化学工业出版社，2006.
[14] 武汉大学化学与分子科学学院实验中心. 仪器分析实验. 武汉：武汉大学出版社，2005.
[15] 李长治. 分子光谱新技术. 北京：科学出版社，1986.
[16] 苏克曼，张济新. 仪器分析实验. 第 2 版. 北京：高等教育出版社，2005.

元素周期表

IUPAC 2013

氧化态(单质的氧化态为0，未列入；常见的为红色)
以 $^{12}C=12$ 为基准的原子量(注✦的是半衰期最长同位素的原子量)

示例：+2 +3 +4 +5 +6 **95 Am** 镅▲ $5f^{7}7s^{2}$ 243.06138(2)✦
- 95 — 原子序数
- Am — 元素符号(红色的为放射性元素)
- 镅▲ — 元素名称(注▲的为人造元素)
- $5f^{7}7s^{2}$ — 价层电子构型

s区元素　p区元素　d区元素　ds区元素　f区元素　稀有气体

族 / 周期	1 ⅠA	2 ⅡA	3 ⅢB	4 ⅣB	5 ⅤB	6 ⅥB	7 ⅦB	8 ⅧB(Ⅷ)	9 ⅧB(Ⅷ)	10 ⅧB(Ⅷ)	11 ⅠB	12 ⅡB	13 ⅢA	14 ⅣA	15 ⅤA	16 ⅥA	17 ⅦA	18 ⅧA(0)	电子层
1	−1 +1 **1 H** 氢 $1s^{1}$ 1.008																	**2 He** 氦 $1s^{2}$ 4.002602(2)	K
2	+1 **3 Li** 锂 $2s^{1}$ 6.94	+2 **4 Be** 铍 $2s^{2}$ 9.0121831(5)											+3 **5 B** 硼 $2s^{2}2p^{1}$ 10.81	−4 +2 +4 **6 C** 碳 $2s^{2}2p^{2}$ 12.011	−3 −2 −1 +1 +2 +3 +4 +5 **7 N** 氮 $2s^{2}2p^{3}$ 14.007	−2 −1 **8 O** 氧 $2s^{2}2p^{4}$ 15.999	−1 **9 F** 氟 $2s^{2}2p^{5}$ 18.998403163(6)	**10 Ne** 氖 $2s^{2}2p^{6}$ 20.1797(6)	L K
3	−1 +1 **11 Na** 钠 $3s^{1}$ 22.98976928(2)	+2 **12 Mg** 镁 $3s^{2}$ 24.305											+3 **13 Al** 铝 $3s^{2}3p^{1}$ 26.9815385(7)	−4 +2 +4 **14 Si** 硅 $3s^{2}3p^{2}$ 28.085	−3 −2 +1 +3 +5 **15 P** 磷 $3s^{2}3p^{3}$ 30.973761998(5)	−2 +2 +4 +6 **16 S** 硫 $3s^{2}3p^{4}$ 32.06	−1 +1 +3 +5 +7 **17 Cl** 氯 $3s^{2}3p^{5}$ 35.45	**18 Ar** 氩 $3s^{2}3p^{6}$ 39.948(1)	M L K
4	−1 +1 **19 K** 钾 $4s^{1}$ 39.0983(1)	+2 **20 Ca** 钙 $4s^{2}$ 40.078(4)	+3 **21 Sc** 钪 $3d^{1}4s^{2}$ 44.955908(5)	−1 0 +2 +3 +4 **22 Ti** 钛 $3d^{2}4s^{2}$ 47.867(1)	0 ±1 +2 +3 +4 +5 **23 V** 钒 $3d^{3}4s^{2}$ 50.9415(1)	−3 0 ±1 ±2 +3 +4 +5 +6 **24 Cr** 铬 $3d^{5}4s^{1}$ 51.9961(6)	−2 0 ±1 +2 ±3 +4 +5 +6 +7 **25 Mn** 锰 $3d^{5}4s^{2}$ 54.938044(3)	−2 0 ±1 +2 +3 +4 +5 +6 **26 Fe** 铁 $3d^{6}4s^{2}$ 55.845(2)	0 ±1 +2 +3 +4 +5 **27 Co** 钴 $3d^{7}4s^{2}$ 58.933194(4)	0 ±1 +2 +3 +4 **28 Ni** 镍 $3d^{8}4s^{2}$ 58.6934(4)	+1 +2 +3 +4 **29 Cu** 铜 $3d^{10}4s^{1}$ 63.546(3)	+1 +2 **30 Zn** 锌 $3d^{10}4s^{2}$ 65.38(2)	+1 +3 **31 Ga** 镓 $4s^{2}4p^{1}$ 69.723(1)	+2 +4 **32 Ge** 锗 $4s^{2}4p^{2}$ 72.630(8)	−3 +3 +5 **33 As** 砷 $4s^{2}4p^{3}$ 74.921595(6)	−2 +2 +4 +6 **34 Se** 硒 $4s^{2}4p^{4}$ 78.971(8)	−1 +1 +3 +5 +7 **35 Br** 溴 $4s^{2}4p^{5}$ 79.904	+2 +4 **36 Kr** 氪 $4s^{2}4p^{6}$ 83.798(2)	N M L K
5	−1 +1 **37 Rb** 铷 $5s^{1}$ 85.4678(3)	+2 **38 Sr** 锶 $5s^{2}$ 87.62(1)	+3 **39 Y** 钇 $4d^{1}5s^{2}$ 88.90584(2)	+1 +2 +3 +4 **40 Zr** 锆 $4d^{2}5s^{2}$ 91.224(2)	0 ±1 +2 +3 +4 +5 **41 Nb** 铌 $4d^{4}5s^{1}$ 92.90637(2)	0 ±1 ±2 +3 +4 +5 +6 **42 Mo** 钼 $4d^{5}5s^{1}$ 95.95(1)	0 ±1 +2 +3 +4 +5 +6 +7 **43 Tc** 锝▲ $4d^{5}5s^{2}$ 97.90721(3)✦	0 +1 ±2 +3 +4 +5 +6 +7 +8 **44 Ru** 钌 $4d^{7}5s^{1}$ 101.07(2)	0 ±1 +2 +3 +4 +5 +6 **45 Rh** 铑 $4d^{8}5s^{1}$ 102.90550(2)	0 +1 +2 +3 +4 **46 Pd** 钯 $4d^{10}$ 106.42(1)	+1 +2 +3 **47 Ag** 银 $4d^{10}5s^{1}$ 107.8682(2)	+1 +2 **48 Cd** 镉 $4d^{10}5s^{2}$ 112.414(4)	+1 +3 **49 In** 铟 $5s^{2}5p^{1}$ 114.818(1)	+2 +4 **50 Sn** 锡 $5s^{2}5p^{2}$ 118.710(7)	−3 +3 +5 **51 Sb** 锑 $5s^{2}5p^{3}$ 121.760(1)	−2 +2 +4 +6 **52 Te** 碲 $5s^{2}5p^{4}$ 127.60(3)	−1 +1 +3 +5 +7 **53 I** 碘 $5s^{2}5p^{5}$ 126.90447(3)	+2 +4 +6 +8 **54 Xe** 氙 $5s^{2}5p^{6}$ 131.293(6)	O N M L K
6	−1 +1 **55 Cs** 铯 $6s^{1}$ 132.90545196(6)	+2 **56 Ba** 钡 $6s^{2}$ 137.327(7)	**57~71** La~Lu 镧系	+1 +2 +3 +4 **72 Hf** 铪 $5d^{2}6s^{2}$ 178.49(2)	0 ±1 +2 +3 +4 +5 **73 Ta** 钽 $5d^{3}6s^{2}$ 180.94788(2)	0 ±1 ±2 +3 +4 +5 +6 **74 W** 钨 $5d^{4}6s^{2}$ 183.84(1)	0 ±1 +2 +3 +4 +5 +6 +7 **75 Re** 铼 $5d^{5}6s^{2}$ 186.207(1)	0 +1 +2 +3 +4 +5 +6 +7 +8 **76 Os** 锇 $5d^{6}6s^{2}$ 190.23(3)	0 ±1 +2 +3 +4 +5 +6 **77 Ir** 铱 $5d^{7}6s^{2}$ 192.217(3)	0 +2 +3 +4 +5 +6 **78 Pt** 铂 $5d^{9}6s^{1}$ 195.084(9)	+1 +2 +3 +5 **79 Au** 金 $5d^{10}6s^{1}$ 196.966569(5)	+1 +2 +3 **80 Hg** 汞 $5d^{10}6s^{2}$ 200.592(3)	+1 +3 **81 Tl** 铊 $6s^{2}6p^{1}$ 204.38	+2 +4 **82 Pb** 铅 $6s^{2}6p^{2}$ 207.2(1)	−3 +3 +5 **83 Bi** 铋 $6s^{2}6p^{3}$ 208.98040(1)	−2 +2 +3 +4 +6 **84 Po** 钋 $6s^{2}6p^{4}$ 208.98243(2)✦	±1 +5 +7 **85 At** 砹 $6s^{2}6p^{5}$ 209.98715(5)✦	+2 **86 Rn** 氡 $6s^{2}6p^{6}$ 222.01758(2)✦	P O N M L K
7	+1 **87 Fr** 钫▲ $7s^{1}$ 223.01974(2)✦	+2 **88 Ra** 镭 $7s^{2}$ 226.02541(2)✦	**89~103** Ac~Lr 锕系	**104 Rf** 𬬻▲ $6d^{2}7s^{2}$ 267.122(4)✦	**105 Db** 𬭊▲ $6d^{3}7s^{2}$ 270.131(4)✦	**106 Sg** 𬭳▲ $6d^{4}7s^{2}$ 269.129(3)✦	**107 Bh** 𬭛▲ $6d^{5}7s^{2}$ 270.133(2)✦	**108 Hs** 𬭶▲ $6d^{6}7s^{2}$ 270.134(2)✦	**109 Mt** 鿏▲ $6d^{7}7s^{2}$ 278.156(5)✦	**110 Ds** 𫟼▲ 281.165(4)✦	**111 Rg** 𬬭▲ 281.166(6)✦	**112 Cn** 鿔▲ 285.177(4)✦	**113 Nh** 鿭▲ 286.182(5)✦	**114 Fl** 𫓧▲ 289.190(4)✦	**115 Mc** 镆▲ 289.194(6)✦	**116 Lv** 𫟷▲ 293.204(4)✦	**117 Ts** 鿬▲ 293.208(6)✦	**118 Og** 鿫▲ 294.214(5)✦	Q P O N M L K

★ 镧系	+3 **57 La**★ 镧 $5d^{1}6s^{2}$ 138.90547(7)	+2 +3 +4 **58 Ce** 铈 $4f^{1}5d^{1}6s^{2}$ 140.116(1)	+3 +4 **59 Pr** 镨 $4f^{3}6s^{2}$ 140.90766(2)	+2 +3 +4 **60 Nd** 钕 $4f^{4}6s^{2}$ 144.242(3)	+3 **61 Pm** 钷▲ $4f^{5}6s^{2}$ 144.91276(2)✦	+2 +3 **62 Sm** 钐 $4f^{6}6s^{2}$ 150.36(2)	+2 +3 **63 Eu** 铕 $4f^{7}6s^{2}$ 151.964(1)	+3 **64 Gd** 钆 $4f^{7}5d^{1}6s^{2}$ 157.25(3)	+3 +4 **65 Tb** 铽 $4f^{9}6s^{2}$ 158.92535(2)	+3 +4 **66 Dy** 镝 $4f^{10}6s^{2}$ 162.500(1)	+3 **67 Ho** 钬 $4f^{11}6s^{2}$ 164.93033(2)	+3 **68 Er** 铒 $4f^{12}6s^{2}$ 167.259(3)	+2 +3 **69 Tm** 铥 $4f^{13}6s^{2}$ 168.93422(2)	+2 +3 **70 Yb** 镱 $4f^{14}6s^{2}$ 173.045(10)	+3 **71 Lu** 镥 $4f^{14}5d^{1}6s^{2}$ 174.9668(1)
★ 锕系	+3 **89 Ac**★ 锕 $6d^{1}7s^{2}$ 227.02775(2)✦	+3 +4 **90 Th** 钍 $6d^{2}7s^{2}$ 232.0377(4)	+3 +4 +5 **91 Pa** 镤 $5f^{2}6d^{1}7s^{2}$ 231.03588(2)	+2 +3 +4 +5 +6 **92 U** 铀 $5f^{3}6d^{1}7s^{2}$ 238.02891(3)	+3 +4 +5 +6 +7 **93 Np** 镎 $5f^{4}6d^{1}7s^{2}$ 237.04817(2)✦	+3 +4 +5 +6 +7 **94 Pu** 钚 $5f^{6}7s^{2}$ 244.06421(4)✦	+2 +3 +4 +5 +6 **95 Am** 镅▲ $5f^{7}7s^{2}$ 243.06138(2)✦	+3 +4 **96 Cm** 锔▲ $5f^{7}6d^{1}7s^{2}$ 247.07035(3)✦	+3 +4 **97 Bk** 锫▲ $5f^{9}7s^{2}$ 247.07031(4)✦	+2 +3 +4 **98 Cf** 锎▲ $5f^{10}7s^{2}$ 251.07959(3)✦	+2 +3 **99 Es** 锿▲ $5f^{11}7s^{2}$ 252.0830(3)✦	+2 +3 **100 Fm** 镄▲ $5f^{12}7s^{2}$ 257.09511(5)✦	+2 +3 **101 Md** 钔▲ $5f^{13}7s^{2}$ 258.09843(3)✦	+2 +3 **102 No** 锘▲ $5f^{14}7s^{2}$ 259.1010(7)✦	+3 **103 Lr** 铹▲ $5f^{14}6d^{1}7s^{2}$ 262.110(2)✦